中国孩子特爱看的

中国儿童百科全书

ZHONGGUO HAIZI TE AIKAN DE
ZHONGGUO ERTONG BAIKE QUANSHU

注音彩图版

兵器宝库

总策划／邢涛　主编／龚勋

汕頭大學出版社

tui jian xu

推荐序

世界儿童基金会
林喜富

原来，百科全书可以如此精彩而有趣！

孩子如果用不同类型的人来比喻不同类型的书，那么“百科全书”在许多家长和孩子眼里都会是一个须发皆白的老者，虽然满腹经纶，但那高高在上的工具书的面孔总会让人敬而远之，因此常常被束之高阁。而本套百科全书却更像一个带领孩子们去冒险的伙伴，伴随他们在知识的王国慢慢长大。

儿童的成长是积极地建构自身的过程。在这个过程中，主动学习知识比被动吸收信息对他们的身心发展更有益处，这种自主认知的内驱力将成为儿童提高、完善自我的动力之源。因此，寻找到一套能使孩子们爱不释手，同时又能在阅读过程中获益匪浅的书籍，将是父母们最感欣慰的事情。

本套百科全书正是这样一套依据儿童本位、符合儿童认知规律的优秀图书。它不同于传统意义上“大而全”的百科全书，不追求卷帙浩繁的大部头气派和道貌岸然的说教式姿态，而是以调动儿童阅读兴趣为出发点，以激发儿童求知欲、开启儿童智慧心门、培养儿童探索精神和创造性思维为编撰宗旨，在整体策划上呈现出知识性与趣味性相结合、互动交流的“授业解惑”与轻松愉快的阅读氛围相结合的全新形式。

丰富有趣的知识内容、灵活新颖的学习方式、快乐认知的阅读感受，将使孩子们在通向未来的旅程上信心满满，以富有创造精神的头脑迎接五彩缤纷的大千世界。

中国儿童教育研究所
陈勉

shen ding xu

审定序

将快乐学习进行到底！

每个孩子都是爱玩的，实际上，“玩”在他们的成长过程中是一种了解世界的学习方式。将严肃、枯燥、被动的说教式教育变为活泼、有趣、主动的快乐学习，对正处于生长发育期的幼儿来说非常有益，能使他们在玩中自然而然地将各种有用的知识收入囊中，最大限度地开发出个人潜能。

本套“中国孩子最爱看的中国儿童百科全书”正是在充分了解了儿童学习特点的基础上精心编撰而成的，内容选取儿童成长过程中最需学习、掌握的十类自然与人文百科知识，每一本都能有效地帮助他们建立起对整个世界的认识。同时，针对儿童容易分心的认知特点，本套书的编撰者们在版式设计上也别具匠心，突破了传统的图文互配的简单形式，将阅读主题通过制作精良、别开生面的场景图片展现出来，让孩子们边玩边学，培养起求知好学的兴趣，将各种百科知识充分吸收。

没有兴趣的强制性学习，只会扼杀孩子探求真理的天性，抑制他们智力的发展。因此，只有在保持儿童学习兴趣的基础上，才能充分调动起他们探索未知的勇气和信心。相信本套“中国儿童百科全书”在带给孩子新鲜的阅读感受的同时，也使他们积累了认识和开发世界所必需的知识，使美好的童年生活变得更加丰富，无比充实。

QIAN YAN

前言

古往今来，名目繁多的兵器对于孩子们来说一直是充满神秘和好奇的：十八般兵器到底是什么？手枪为什么会射出子弹？潜艇里的人怎样进行呼吸？……这么多的问题萦绕在孩子们的头脑中，急需答案。

为了满足孩子们渴望了解、学习兵器知识的愿望，我们精心编写了这本《兵器宝库》。全书分为八个篇章，从古代的十八般兵器讲起，既有步枪、手枪等轻武器，也有榴弹炮、迫击炮等重武器；从火力最强的主战坦克到被称为“海上霸主”的航空母舰，从空战勇士——战斗机到碧海杀手——反舰导弹，再到令人惊恐的核武器，几乎包括了所有的兵器门类，是一座名副其实的“兵器宝库”。

为了体现真实性和趣味性，全书在图片的选取上，汇集了各式各样色彩丰富、内容精彩的兵器图片；在版式设计上，以宏大的陆海空壮阔场面为背景，将相关兵器图片有机地联系在一起，让孩子们在阅读时有如亲临现场，各种兵器仿佛触手可及，既给他们提供新鲜有用的兵器知识，又给他们带来前所未有的震撼。另外，本书采用浅显易懂的语言，让孩子们在轻松的阅读中了解各种兵器的发展和特点，所有文字均注有汉语拼音，以便于孩子们独立阅读。

希望这本《兵器宝库》能够成为孩子们的良师益友，通过阅读这本书，能真正地掌握兵器知识，从而开阔视野，启迪智慧，养成勤于思索的好习惯。

如何使用本书

为了方便小读者的阅读，我们首先把这本《兵器宝库》的使用方法简单地做一下说明：这本书囊括了各个兵器门类，包括古代兵器、轻武器、火炮、坦克、舰艇、军用飞机、导弹、非常规武器等，是一座名副其实的“兵器宝库”。它涉及的知识点十分全面，每一个大的知识点下面又包含若干个小知识点，语言生动活泼，内容翔实严谨，同时配有大量的专题图片和精彩的文字说明，让小读者看后，一目了然。在翻看这本书时，你会看到大幅精美的篇章插页，篇内按不同类别一一展开叙述，非常便于查找和阅读。

书眉

双页码上端标出本书中文名称，单页码上端标出篇章主题。

主标题

为你提供当页的主题内容的名称。

主标题说明

主标题说明概述了主标题，又给了你关于本页内容的清晰思路，是主标题的说明文字，也是本页主要内容。

小资料

小资料内文字以增加本页专题知识的趣味性为主，有时也介绍一些奇闻趣谈，以便帮助你轻松地理解主题知识。

中国儿童百科全书之兵器宝库

曲射冠军——迫击炮

迫击炮是在20世纪初日俄战争的战火中诞生的，它是火炮家族中的一个身材较小的成员。迫击炮被称为“曲射冠军”，它的射击角度特别大，这使得炮弹飞行的路线十分弯曲。所以，迫击炮发射的炮弹可以翻山越岭打击躲在小山等遮蔽物后面的目标。

迫击炮弹

现代迫击炮的始祖

现代迫击炮的始祖是1342年出现的一种管形火器。当时，阿拉伯人为了守住一个城池，在城墙上支起一根根短铁筒，每根铁筒套在一根粗实的木棍上。铁筒里都装入黑火药和一个黑铁球。敌人攻来时，就点燃火药，将黑铁球发射出去，轰击敌人。这种管形火器就是现代迫击炮的始祖。

美国造 M2 式 106毫米迫击炮

知识集装箱

能“隐形”的迫击炮 “隐形”迫击炮的独特之处是炮弹的后部增加了一个活动的空心圆筒。当炮弹发射出去后，圆筒把炮膛产生的热量紧紧封闭在圆筒里，因此就没有火光和烟雾从炮口“跑”出来，射击时的响声也减少了，不容易被敌人发觉。

82

篇章页

每章都有介绍本章的主要内容的文字，并辅以本章内具有代表性意义的图片，引导你轻松了解与掌握全章的内容要点。

图片

与文字对应的精美图片，帮助你更加直观地理解文字所表述的内容。

辅标题

与主标题内容相关的辅助性知识的名称。

图片说明文字

对图片进行说明的注解性文字，包括图片的名称等。

辅标题说明

每个辅标题下均有一段详细的说明文字，对标题内容进行进一步的阐述，是主标题内容的深入。

目录 MULU

第一章

古代兵器陈列架

第二章

轻武器储藏室

第三章
火炮集中营

目录 MULU

第四章

坦克装甲集群

第五章

海军舰艇编队

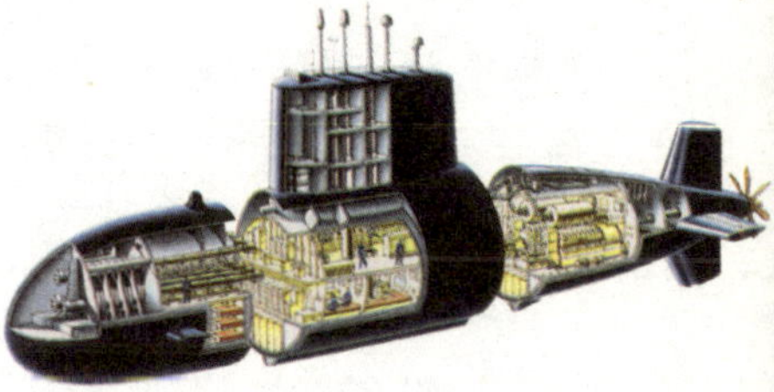

第六章

军用飞机停机坪

目录 MULU

第七章

导弹发射基地

第八章

非常规武器试验场

第一章

古代兵器陈列架

提起古代兵器，我们会产生无尽的遐想，尤其是摆在我们面前的琳琅满目的古代兵器陈列架，更会告诉我们那些千古流传的兵器故事。三国时期的名将吕布手持一杆方天画戟，几乎无人能敌；中国古代忠义的化身关羽凭借手中的一把青龙偃月刀过五关斩六将，是何等的威风；小说《水浒传》中的“黑旋风”李逵手使一对板斧，又是怎样的威猛……除了能显示个人能力的刀枪等兵器以外，战车、战船、抛石机等则是兵士集体作战时不可缺少的有力武器。看着陈列架上一件件年代久远的古代兵器，就好像又回到了遥远的古代，听到了古代将士疆场厮杀、兵戈四起的声音，令人感到无比的神奇。

各显其能的十八般兵器

你听说过十八般兵器吗？它们是指刀、枪、剑、戟、斧、钺、钩、叉、镋、棍、槊、棒、鞭、锏、锤、抓、拐子、流星。还有一种说法是比前一种说法多了铲、钯、戈、矛，相应少了锤、抓、拐子、流星。其实，中国古代的兵器远不止18种，近代整理的少林兵器谱中就列出了200多种兵器呢！

钩杀敌人的利器——戈

戈头

戈的“长相”很奇怪——头上装着带钩的刀，用来钩杀敌人。戈起源于原始人群的狩猎工具，最初是将兽角绑在木杆上。到了战国时期，由于盔甲越来越坚固，戈的作用便不如戟、矛那样明显了，逐渐淡出了战争舞台。

能钩能刺的利器——戟

戟是一种戈矛一体的兵器，早在商周时期就出现了。为了增强杀伤力，有时矛头下面的长柄上还安装有两三个戈头，可钩可刺。与戈相比，戟的杀伤力要强得多，很快就取代戈成为士兵的主要武器。直到唐代以后，戟才被淘汰。

西周侯戟

粗犷豪放的兵器——斧

长柄斧

斧是一种劈砍兵器，它从原始人类使用的生产工具——石斧逐渐发展成为战场上的铜斧、铁斧和钢斧。有的斧很长，有的则很短，其中短斧又分为单斧和双斧。由于短斧的形状又扁又宽，所以也叫“板斧”。斧一般比较笨重，所以使用的人并不多。

依靠重量进行打击的兵器——狼牙棒

狼牙棒一般用坚硬的木料制成，它的前端很粗，上面“长”着像狼牙一样的钉刺，用来打击敌人。后端是用手握的地方，比前端要细。除中国以外，古代澳洲和南美洲的一些部落也使用过骨制或石制的狼牙棒。在欧洲，狼牙棒逐渐演变为权杖，作为皇帝、元帅的权力象征。

刺杀兵器——剑

你对剑肯定不会陌生吧？剑的“身子”又长又尖，两边都有锋利的刃。剑可以用来刺杀敌人，也可以用来砍杀敌人。与剑尖相对的另一端是剑柄，也就是用手握的地方。除了这些以外，剑还要有自己的“房子”——剑鞘，有的剑在剑柄上还挂有剑穗，舞动起来十分美观。

早期的铜羊首剑

手持长剑的古代将领

最早的剑

剑的“年岁”可大了，它一直是兵器家族中的重要一员。西周时期的青铜剑是中国最早的剑，它的“身材”不长，剑身与剑柄接头的地方有牙齿状的凸起，并且剑柄是微微弯曲的，上面的装饰图案非常美丽。剑柄的末端都被制成动物头的模样，比如羊头。

剑的发展

最开始的剑是用什么材料制造的呢？在西周时期，人们都用青铜造剑。随着科学技术的发展，人们开始用铁和钢造剑，铁剑与钢剑逐步取代了青铜剑。在古代，剑主要用来防身和搏斗。到了现代，剑只是用来锻炼身体或用于艺术表演。

手持长剑的西欧骑士

“百刃之君”

有人称剑是“百刃之君”。这是因为，在古代，剑不但能用来防身，还常常被当做一种高贵的装饰品。另外，剑在古代还被当做许多仪式的道具，比如在中国道教仪式中，剑被作为一种法器；在欧洲，剑被用于册封骑士，这个习惯一直流传到今天。

知识集装箱

王者之剑——越王勾践剑 越王勾践剑的名气可大了，它有着“王者之剑”的美称。这把剑是中国春秋末期越国国君勾践使用的一把青铜剑。此剑在地下埋藏了2500多年的时间，出土的时候却一点也没有生锈，剑身还闪着炫目的青光呢。宝剑的剑刃锋利无比，轻轻一划就能割破十几层纸；一剑劈下，竟能劈断铜钱，锋利得简直让人难以置信。

持剑官吏石像

劈砍兵器——刀

关羽手持青龙偃月刀

刀是一种劈砍用的兵器。刀的“身材”狭长，一边开有长长的刀刃。刀刃很薄，而刀脊却很厚，这样在劈砍的时候会更有力量。早在石器时代，就已经有了用石头打磨成的石刀。另外，许多刀在早期的时候还被用在某些特殊的仪式上。

刀和剑的区别

刀最早出现在青铜器时期，而剑则是青铜器时期的主要武器。从外形来看，剑是直的，剑身的两边都有刃；而刀是弯曲的，并且刀身只有一边有刃。

从使用效果看，剑在挥舞时，给人轻灵、飘逸的感觉，但是，剑在战场上并不实用；而刀挥舞起来，沉重威猛，在战场上比剑更加实用。慢慢的，剑就被刀“踢”出了战场。

骑兵持刀征战图

知识集装箱

日本武士刀 日本武士刀有很大的名气，被认为是刀中的精品。古代日本的武士常用它来作为武器。这种刀通常要用钢或钢与铁的混合材料制成，必须在松木炭上打制、熔接、锤炼才行，工序有20道之多呢。一把优质的武士刀，撒手落下，会把漂浮在水面上的睡莲整齐地切为两半，可见它的刀刃有多么锋利。

刀的崛起

刀能在战场上崛起，是因为剑本身衰亡了。早些时候，人们在地上打仗，可以拿剑又刺又砍，可是后来骑兵出现了，这样以刺为主的剑就有些力不从心了，于是分量较重、刃薄脊厚、专门用于劈砍的兵器刀就应运而生了。在中国东汉时期，刀逐步取代剑成为军队装备的主要兵器。

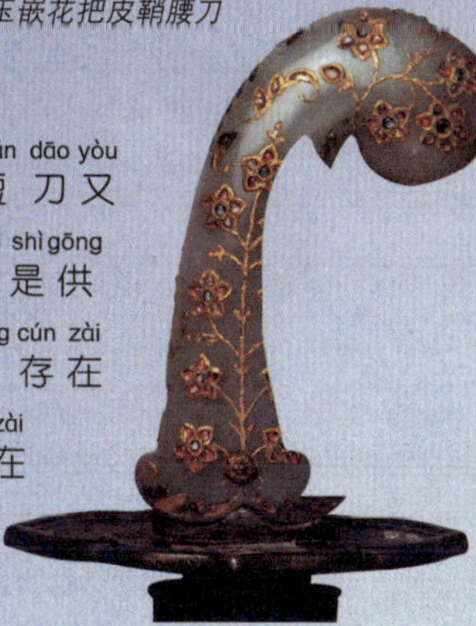

青玉嵌花把皮鞘腰刀

种类繁多的刀

刀的种类繁多，有短刀、腰刀、长刀等。短刀又叫马刀，是骑兵在冲杀时使用的主要兵器。腰刀是供步兵在格斗中使用的兵器，它在古代战场上存在了很长时间。长刀自然要长一些，它是供士兵在战斗中从较远的距离砍杀敌人的兵器。

挑刺兵器——矛

矛头

máo shì yòu shòu yòu cháng de bīng qì kě yǐ zài jiào yuǎn de dì fang zhí cì hé tiǎo
矛是又瘦又长的兵器，可以在较远的地方直刺和挑
zhā dí rén shì yī zhǒng diǎn xíng de cháng bīng qì máo de nǎo dai jiān jiān de
扎敌人，是一种典型的长兵器。矛的“脑袋”尖尖的，
yī bān yòng jīn shǔ zhì chéng hěn fēng lì tiǎo cì dí rén de shí hou tè bié guǎn
一般用金属制成，很锋利，挑刺敌人的时候特别管
yòng máo bǐng shì wò chí máo de dì fang duō yòng mù zhú hé téng děng cái liào zhì
用；矛柄是握持矛的地方，多用木、竹和藤等材料制
chéng yě yǒu yòng jīn shǔ cái liào zhì chéng de
成，也有用金属材料制成的。
máo de cháng dù yī bān zài mǐ dào
矛的长度一般在1.8米到2.7
mǐ zhī jiān bù guǎn shì cháng máo hái shì duǎn máo
米之间。不管是长矛还是短矛，
dōu yào bǐ gē de cì shā xiào guǒ hǎo de duō
都要比戈的刺杀效果好得多。

手持长矛的武将

最早的矛

máo de lì shǐ shí fēn gǔ lǎo shì jiè shang dà duō
矛的历史十分古老，世界上大多
shù mín zú zài yuán shǐ de shòu liè hé zhàn zhēng zhōng dōu
数民族在原始的狩猎和战争中，都
céng yòng máo qù cì shā liè wù huò dí rén bù guò nà
曾用矛去刺杀猎物或敌人。不过那
shí de máo shì fēi cháng jiǎn lòu de dōu shì yòng mù
时的矛是非常简陋的，都是用木
tou zuò chéng de hòu lái rén men zài zhú
头做成的。后来，人们在竹、
mù bàng de yī duān ān shàng shí tou
木棒的一端安上石头
huò gǔ tou zuò chéng de máo tóu zhè yàng máo
或骨头做成的矛头，这样矛
de jī běn xíng zhuàng jiù xíng chéng le
的基本形状就形成了。

各种各样的矛

因为制造矛的材料不同，矛被分为石矛、骨矛、青铜矛、铁矛等种类。如果按照矛头形状的不同，又可以把矛分为桑叶形矛、柳叶形矛和阔叶形矛。有一种矛叫“丈八蛇矛”，它是《三国演义》中张飞使用的武器。这种矛全用精铁和硬钢打造，矛杆长一丈，矛尖长八寸，矛头上有两个锋利的刃，好像一条游动的蛇一样。

手持长矛的古代将领

矛的发展

矛被应用到战场上以后，在实战中进一步得到发展完善。马其顿人在战斗的过程中，曾把矛加长到最大限度——6米。古罗马和古希腊人则把矛用来投掷，于是矛发展成为标枪。近代的枪炮武器出现后，矛渐渐退出了战争舞台。

知识集装箱

中华名矛——吴王夫差矛 吴王夫差矛被誉为中华名矛，它是中国春秋末期吴国君王夫差使用的一把青铜矛。吴王夫差矛铸造得非常精良，矛刃十分锋利，矛身雕刻着装饰性的菱形几何花纹，矛的下部刻有铭文"吴王夫差，自作自用"八个字。出土时，这把两千多年前的青铜矛依然闪闪发光，让人赞叹不已。

手持长矛的阿拉伯士兵

远射兵器——弓弩

早期弓使用的箭头

弓箭是一项了不起的发明，是人类制造出来的第一种可以利用储存能量来打击敌人的武器。弓与箭配合使用，士兵在远处就可以拉弓射箭，将敌人射杀。弓是由有弹性的弓臂和有韧性的弓弦组成的。弩则是在弓的基础上加入了机械装置，包括弩弓、弩臂和弩机三部分。

武士射箭图

最早的弓

最早的弓是在原始社会后期出现的，制作很粗糙，弓身一般是把树枝或竹子弯曲后制成的，叫“单材弓”。大约在公元前1500年出现了“混材弓”，这种弓是用几种材料拼接而成的，其中的弓弦用牲畜的筋绷紧做成。

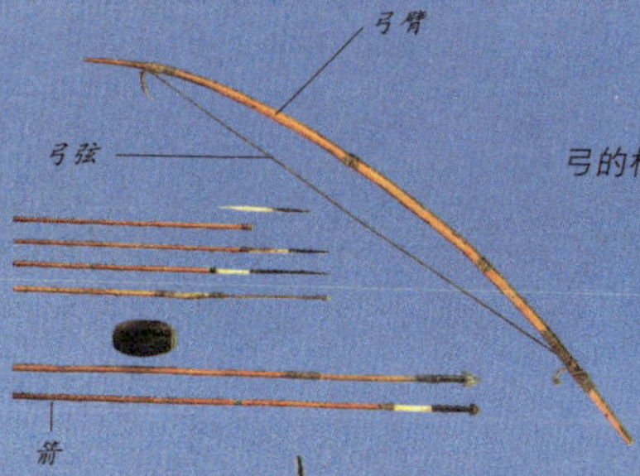

弓的构造

弓和弩的区别

弓和弩是两种不同的弹射武器。弓是由有弹性的弓臂和有韧性的弓弦组成的，弩则加入了机械装置。在操作弓时，需先用力拉开弦，然后猛然放手，借弦和弓背的弹力把箭射出去。弩在发射时，先将弓弦向后拉，挂在钩上，瞄准后一扣扳机，箭就射出去了。弩比弓的射程更远，更具杀伤力。

弓和弩的发展

弓早在原始社会后期就出现了，主要用于狩猎。后来，弓逐渐发展，出现了长弓，它需要很大的力气才能拉开，射出的距离也比较远。弩最早出现在中国战国时期和古希腊时代，先后发展出连射弩、弓床弩等多个种类。现代射击火器出现后，弓和弩才逐渐从军队中退役。

三弓床弩

古代陆战武器

古代士兵在陆地上使用的，除了戈、矛等长兵器和刀、剑等短兵器外，战车、抛石机、云梯和指南车也是士兵征战时不可缺少的作战工具。这些特殊装备要么在战场上纵横驰骋，要么在攻城时大显神威，是古代军队的得力助手。

驰骋疆场的战车

驰骋疆场的作战工具——战车

战车是一种小型马车，大多用木头制成，由一匹或多匹马牵引。战车最早出现在两河流域，最初是一人驾车，另有一两个人射箭，后来增加到四人随车作战。在中国西周时期，战车就有了固定的编制，一般是配置3人，车下另有27人协同作战，这30名士兵就组成了一个作战编队。

春秋时期战车

古代攻城器械——云梯

云梯是中国古代的攻城器械。最早的云梯就是在木制梯子的最上面安一个铜钩，用来钩住敌方的城墙。春秋战国时期的云梯装了轮子，移动起来更为方便。唐代云梯的顶端装有一个辘轳，登城时可以沿城墙的表面上下滑动，这种云梯叫做“飞云梯”。宋代的云梯是折叠式的，这样就降低了云梯的重心，从而增加了稳定性。

云梯

知识集装箱

指明军队行进方向的车辆——指南车 三国时期，魏国的著名机械制造家马钧发明了一种指南车。它是一种双轮独辕车。车上立有一个木人，木人一手伸臂直指。只要在车开始移动前，根据天象把木人的手臂指向南方，以后不管车向东还是向西转，由于车内有一种能够自动离合的齿轮定向装置，木人的手臂就会始终指向南方。

指南车模型

火炮发明前的原始大炮——抛石机

抛石机是一种炮射武器。它有一个装有横轴的木架，在横轴中间穿着一根韧性极好的长木杆。在木杆的一端结上绳索，另一端用绳索系着一个皮囊。发射时，巨大的离心力将石块从皮囊中抛出，飞向敌人阵地。抛石机堪称火炮发明前的原始大炮。

抛石机模型

称霸水面的古代战船

古代海船模型

gǔ dài zhàn chuán shì shuǐ miàn shang de bà zhǔ bù
古代战船是水面上的霸主，不
guǎn zhōng guó hái shì wài guó zài yòng zhàn chuán zuò zhàn
管中国还是外国，在用战船作战
shí tōng cháng dōu shì yòng zhuā gōu gōu zhù dí fāng de zhàn
时，通常都是用抓钩钩住敌方的战
chuán rán hòu shì bīng tiào dào duì fāng de chuán shang jìn
船，然后士兵跳到对方的船上，进
xíng ròu bó zhàn yǒu de zhàn chuán zé shì lì yòng
行肉搏战。有的战船则是利用
sù dù qù zhuàng jī dí rén de chuán zhī
速度去撞击敌人的船只，
běn shēn jiù shì yī zhǒng yǒu lì
本身就是一种有力
de hǎi zhàn wǔ qì
的海战武器。

独特的三层桨战船

sān céng jiǎng zhàn chuán shì gǔ xī là rén shǐ yòng de
三层桨战船是古希腊人使用的
zhàn chuán zài zhàn chuán de liǎng biān gè yǒu sān céng chuán jiǎng
战船，在战船的两边各有三层船桨，
tā yīn cǐ ér dé míng zài chuán tóu de bù wèi shang yǒu yī zhǒng huáng
它因此而得名。在船头的部位上，有一种黄
tóng zuò chéng de zhuàng jiǎo tā kě yǐ chā rù dí chuán de chuán xián ràng dí
铜做成的撞角，它可以插入敌船的船舷，让敌
chuán jìn shuǐ shǐ qí
船进水使其
chén mò lìng yī zhǒng jìn
沉没。另一种进
gōng fāng fǎ shì kào jìn dí chuán hòu
攻方法是靠近敌船后，
dā shàng tiào bǎn rán hòu dēng
搭上跳板，然后登
chuán gōng jī dí rén
船攻击敌人。

复原的古希腊三层桨战船

带有抓钩的罗马战舰

古代的罗马人在舰船上发明了一种叫“乌鸦嘴”的吊桥，吊桥的前端有抓钩。作战时，把抓钩钩在敌船上。这样两只船就连在一起了。这时罗马步兵就从吊桥上冲过去，与敌人展开肉搏战。

船身高大的楼船

古代楼船

楼船最早是中国在秦汉时期制造和使用的，在魏晋以后有了发展。在每一层“楼”的外面都建有防御性的掩体，上面还有箭孔，可以向外射箭。

攻守兼备的艨艟、斗舰

艨艟、斗舰都属于同一种中国古代的中型战船。在船的两侧建有防御设备，船身分为两层，士兵可以在指定的位置用弓弩射杀敌人。艨艟、斗舰既有相当的防卫能力，又有强大的攻击力量。

古代艨艟图

第二章

轻武器储藏室

在所有的武器中，轻武器的数量是最多的，使用的范围也最广，它足以装满成百上千个储藏室。步枪、手枪、机枪、冲锋枪等枪械是轻武器家族中的主要成员，其他的一些单兵使用的武器，比如榴弹发射器、手榴弹、地雷等可以造成大量人员伤亡的武器，也是轻武器储藏室中不可或缺的重要组成部分。从当初最简陋的火门枪到近代步枪的先锋——毛瑟步枪，再到威力巨大的马克沁重机枪，直至性能最可靠的冲锋枪——乌齐冲锋枪，枪械的发展真是日新月异，一日千里。走进轻武器储藏室，熟悉它们各种各样的功用，也许明天发明“轻武器之王”的就是你！

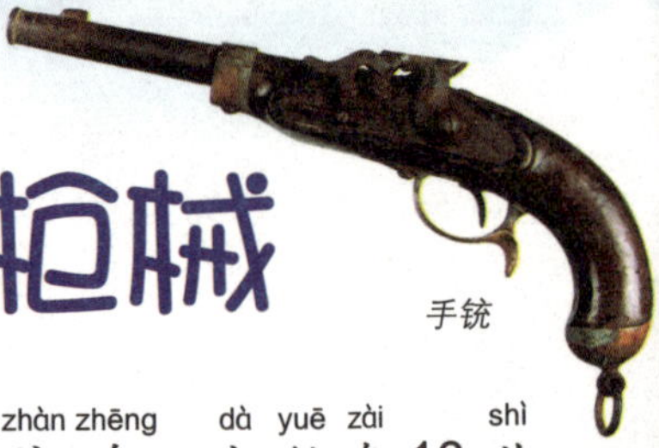
手铳

初显威力的早期枪械

huǒ yào zài zhōng guó bèi fā míng yǐ hòu hěn kuài yòng yú zhàn zhēng dà yuē zài shì
火药在中国被发明以后，很快用于战争。大约在13世
jì qián hòu huǒ yào yóu ā lā bó rén chuán rù ōu zhōu shì jì shí hēi huǒ yào zài ōu
纪前后，火药由阿拉伯人传入欧洲。14世纪时，黑火药在欧
zhōu yòng yú zhàn zhēng ōu zhōu rén kāi shǐ zhì zào qiāng xiè zǎo qī de qiāng xiè suī rán hěn jiǎn
洲用于战争，欧洲人开始制造枪械。早期的枪械虽然很简
lòu zài cāo zuò shang yuǎn méi yǒu jīn tiān de qiāng xiè zhè yàng líng huó dàn shì zhè xiē zǎo qī
陋，在操作上远没有今天的枪械这样灵活，但是，这些早期
de huǒ mén qiāng huǒ shéng qiāng suì fā qiāng jī fā qiāng děng qiāng xiè què shǐ zhàn chǎng shang
的火门枪、火绳枪、燧发枪、击发枪等枪械却使战场上
de zuò zhàn fāng shì fā shēng le gēn běn xìng de gǎi biàn
的作战方式发生了根本性的改变。

士兵正在用火绳枪进行发射。

火门枪

huǒ mén qiāng shì shì jì yóu yì dà lì rén fā
火门枪是14世纪由意大利人发
míng de zài qiāng guǎn hòu miàn yǒu yī ge huǒ mén huǒ
明的。在枪管后面有一个火门，火
yào hé dàn wán cóng qiāng kǒu zhuāng rù qiāng táng nèi fā shè
药和弹丸从枪口装入枪膛内。发射
shí shè shǒu yī shǒu ná qiāng yī shǒu ná zhe diǎn huǒ yòng
时，射手一手拿枪，一手拿着点火用
de mù gùn dāng bǎng zài mù gùn qián duān de rán zháo de mù tàn
的木棍，当绑在木棍前端的燃着的木炭
jiē chù dào huǒ mén shí jiù kě yǐ diǎn huǒ fā shè le dàn shì
接触到火门时，就可以点火发射了。但是，
zhè zhǒng huǒ mén qiāng yǒu hěn míng xiǎn de quē diǎn bǐ rú shè
这种火门枪有很明显的缺点，比如，射
jī de zhǔn bèi shí jiān hěn cháng yóu yú shǒu de dǒu dòng jīng cháng
击的准备时间很长，由于手的抖动，经常
diǎn bù zháo huǒ ér qiě yě gēn běn méi fǎ jìn xíng miáo zhǔn
点不着火，而且也根本没法进行瞄准。

火绳枪

huǒ shéng qiāng shì ōu zhōu rén zài shì jì fā míng
火绳枪是欧洲人在15世纪发明
de zài shǐ yòng zhè zhǒng qiāng shí shì bīng xū yào cóng
的。在使用这种枪时，士兵需要从
qiāng kǒu zhuāng rù hēi huǒ yào hé qiān wán rán hòu yòng
枪口装入黑火药和铅丸，然后用
rán zháo de huǒ shéng qù jiē jìn huǒ kǒng jiù kě yǐ
燃着的火绳去接近火孔，就可以
diǎn huǒ fā shè le huǒ shéng shì jīng guò xiāo suān jiǎ
点火发射了。火绳是经过硝酸钾
jìn pào guò de má shéng niǎn chéng de yòng huǒ shéng
浸泡过的麻绳捻成的，用火绳
diǎn huǒ bǐ yòng mù tàn diǎn huǒ yào róng yì xǔ duō
点火比用木炭点火要容易许多。
dàn shì huǒ shéng zài yǔ tiān róng yì bèi jiāo miè
但是，火绳在雨天容易被浇灭，
ér qiě zài yè jiān yě hěn róng yì bèi dí rén fā xiàn
而且在夜间也很容易被敌人发现。

士兵正在用火绳枪进行射击。

知识集装箱

击发枪 1800年，人们发现了雷汞，于是将雷汞装在枪的底火盘里，然后用击针撞击底火盘，把雷汞引爆，产生的火焰就可以点燃火药了。后来，人们用铜火帽取代了装雷汞的底火盘，使击发点火技术前进了一步。用这种方式点火射击的枪都被称为击发枪。

燧石枪

suì shí qiāng shì shì jì yǐ hòu chū xiàn de zuì chū de
燧石枪是16世纪以后出现的。最初的
suì shí qiāng yǒu yī ge zhuàn lún zhuàn lún tóng yā zài tā shàng
燧石枪有一个转轮，转轮同压在它上
miàn de suì shí mó cā chǎn shēng huǒ huā rán hòu diǎn huǒ fā shè
面的燧石摩擦产生火花，然后点火发射。
hòu lái yòu chū xiàn le zhuàng jī shì de suì shí qiāng suì shí qiāng
后来又出现了撞击式的燧石枪。燧石枪
yě yǒu quē diǎn tā de diǎn huǒ shí jiān cháng fáng shuǐ xìng néng
也有缺点，它的点火时间长，防水性能
yě chà
也差。

枪中元老——步枪

步枪是一种长枪，它的历史非常悠久，早在14世纪中叶世界上就出现了最原始的步枪。现在各种各样的枪都是在步枪的基础上发展起来的，人们称它为“枪中元老”。步枪具有命中精度高、火力强、结构简单、性能可靠等特点。

能连续射击的连珠枪

连珠枪是19世纪中叶美国南北战争时期一个名叫斯潘塞的年轻人发明的。这种枪是在弹仓内存储弹药，然后用手推弹入膛，从而能接连射击。当时的美国总统林肯试射了这种枪，发现它的命中率很高，林肯决定予以采用。当时的老式步枪根本没法跟连珠枪比。

近代步枪的先锋——毛瑟步枪

步枪发明后，不断有人对它进行改进。1871年，德国人毛瑟兄弟合作发明了一种机柄式步枪，由于毛瑟枪可靠性好，更加安全，因此得到广泛应用，成为近代步枪的先锋。

卡宾枪

卡宾枪

卡宾枪又叫骑枪、马枪，据说是当年骑兵将普通步枪枪管截短后制成的，后来步兵也使用卡宾枪。卡宾枪枪管短、重量轻、精度好，但它的弹头初速相对较低，有效射程大多为200～400米。

AK47 步枪

突击步枪

突击步枪是步枪中的主要枪种，它是冲锋枪和步枪的混血儿，兼有这两种枪的特点，是一种重量较轻、长度较短、火力猛烈的全自动步枪。各国军队对突击步枪，特别是小口径突击步枪十分偏爱。

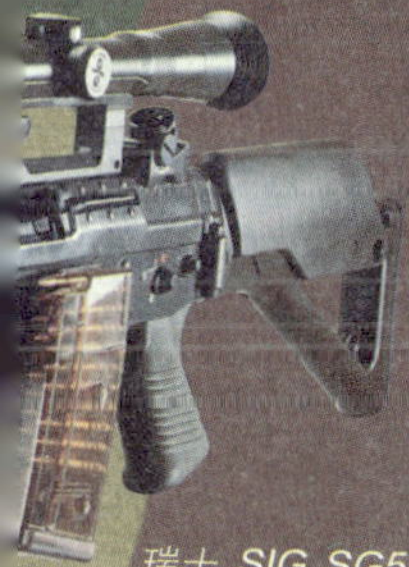
瑞士 SIG SG550/551 式突击步枪

狙击步枪

狙击步枪是一种狙击用的高精度步枪。这种枪配有专门的瞄准镜，适用于对600~1000米以内的单个目标实施精确射击，如敌人的指挥员、观察哨和机枪射手等。它的射击精度明显比普通步枪要强得多，有人称它是“一枪夺命”的武器。

SAR-8警用狙击步枪

反坦克步枪

反坦克步枪是对付坦克的能手，它通常使用穿甲燃烧弹，要求射手在射击时，必须瞄准坦克装甲车辆的发动机、燃料箱或侧面“盔甲”等防护薄弱的致命部位。反坦克步枪通常要增加装药量，同时还要加长枪管，这样的话，就可以增大弹头的初速度。另外，还可以使用硬质合金的弹头增加穿甲的深度。

反坦克步枪

小口径步枪

步枪发展到现代，它的口径越来越小，战斗的可靠性越来越高。小口径步枪有三个显著的优点：一是枪身和子弹的重量都大大减轻了；二是弹丸的初速度提高了；三是发射的时候后坐力减小了，更容易控制。

手握5.56毫米小口径步枪的美国士兵

小口径步枪

无壳弹步枪

无壳弹步枪采用的是一种新型的枪弹——无壳弹，这种无壳弹去掉了盛装发射药和安装底火的弹壳，用一种可燃性的黏合剂把发射药黏结成柱状，并把弹头和底火分别嵌在火药柱的两端。因为没有弹壳，在射击时就不需要抽壳和抛壳，这样就缩短了射击的环节，从而提高了射速和命中率。另外，无壳子弹，本身的重量就轻了许多，因此可以携带更多的弹药。

短小精悍的手枪

在枪械家族中，手枪是最短小精悍的武器了。它个头小，很容易携带和隐藏，可以放在口袋或手提包里。手枪能在50米范围内有效地杀伤敌人，是近战和自卫的首选武器。

左轮手枪

左轮手枪又叫转轮手枪，是19世纪美国著名的武器发明家萨穆尔·科尔特发明的。它最大的特点是有个“大肚子”——转轮，转轮上均匀地开有几个孔，这些孔叫弹巢，子弹就装在里面。转轮绕着枪轴旋转，每扣一次扳机，转轮就向左旋转一个角度，射出一发子弹，左轮手枪也因此得名。左轮手枪的转轮一般能装6发子弹。

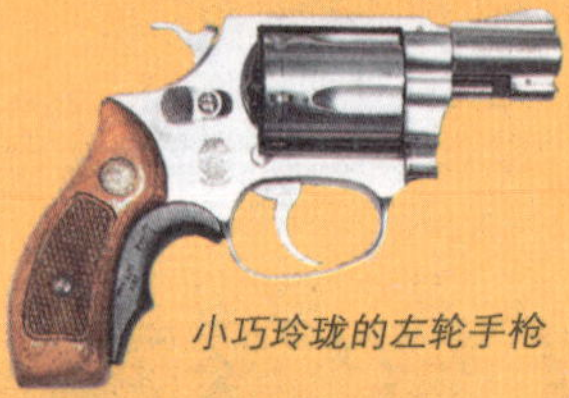

小巧玲珑的左轮手枪

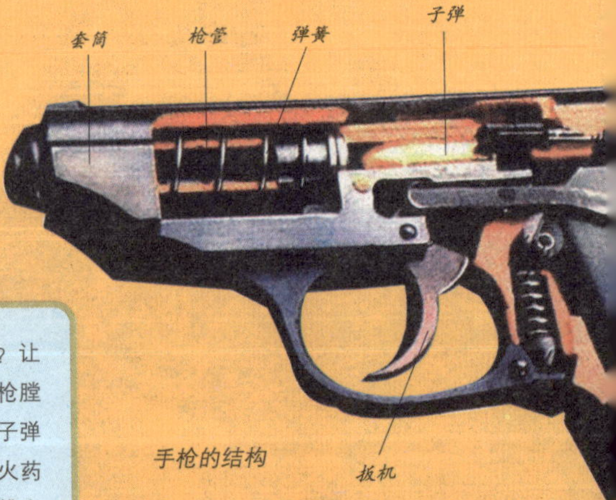

手枪的结构

知识集装箱

手枪为什么能发射子弹？ 手枪为什么能发射子弹呢？让我们一起来了解一下子弹被打出的过程吧。子弹被装入枪膛以后，一扣扳机，手枪里的钢撞针靠弹簧的力量使劲撞击子弹的底部，底部内的烈性炸药一撞就冒火，马上把弹壳里的火药点着，产生很多热气，这股气体使劲推动弹头，把弹头猛地推出枪口。这一过程是在一瞬间发生的，用眼睛是看不到的。

手枪和子弹

毛瑟手枪

19世纪末期，世界上出现了自动手枪，采用弹匣供弹，弹匣就在枪的把手里。因为这种枪比转轮手枪的初速度大、装弹快、弹匣容量大，各国大都采用了这种手枪。1896年，著名的毛瑟手枪问世了。毛瑟手枪是更为先进的自动手枪，它的威力更大，性能更可靠，使用也更方便了。这种枪配有一个类似盒子的用木头做的枪套，所以它在中国又叫“驳壳枪”或“盒子枪”。

冲锋手枪

一看到冲锋手枪，你可能会想到冲锋枪。这两种枪其实是不一样的，我们所说的冲锋手枪实际上是一种可以连发射击的自动手枪。因为手枪很轻，如果连发射击的话，会产生很大的后坐力，这样的手枪是很难控制的，所以很多冲锋手枪都配有简便的枪托，射击时把它抵在肩膀上，效果就好多了。冲锋手枪在中国叫战斗手枪。

捷克V261蝎式冲锋手枪

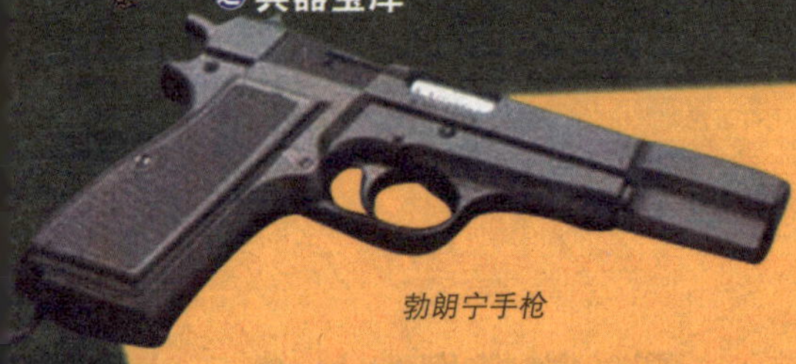

勃朗宁手枪

勃朗宁大威力手枪

勃朗宁手枪在世界上特别有名，其中的勃朗宁大威力手枪更是声名显赫。它诞生于1925年，是自动手枪中的佼佼者。从外形上看，勃朗宁大威力手枪是个“大块头”，给人一种豪放、有力的感觉，它采用当时威力最大的一种手枪子弹，而且能装很多很多这种子弹。另外，勃朗宁大威力手枪能射很远的距离，远远超过其他手枪的射程。

以色列沙漠之鹰手枪

以色列沙漠之鹰手枪是一种世界著名的手枪，它的适应性很强，即便是在条件恶劣的沙漠地区，它也能保持良好的性能。与其他手枪不同，它采用一种独特的自动导气装置，可以灵活地完成抽壳、抛壳等射击程序。这种枪在最初的时候，是被设计成运动手枪的，但是，因为它有着特别好的性能，很快就被当成军用手枪使用了。

能"隐形"的手枪

酒瓶手枪

nǐ jiàn guò gāng bǐ xíng zhuàng de shǒu qiāng ma tā shì
你见过钢笔形状的手枪吗？它是
yī zhǒng yǐn shēn shǒu qiāng yǐn shēn shǒu qiāng cháng bèi wěi
一种隐身手枪。隐身手枪常被伪
zhuāng chéng shǒu zhàng tí bāo yǔ sǎn yān hé hé dǎ huǒ
装成手杖、提包、雨伞、烟盒和打火
jī děng rì cháng yòng pǐn yǐn shēn shǒu qiāng de kǒu jìng xiǎo
机等日常用品。隐身手枪的口径小、
zhòng liàng qīng shè jī shí bù huì chǎn shēng hěn dà de shēng
重量轻，射击时不会产生很大的声
yīn suí shēn xié dài yě bù róng yì bèi fā xiàn
音，随身携带也不容易被发现。

钢笔手枪

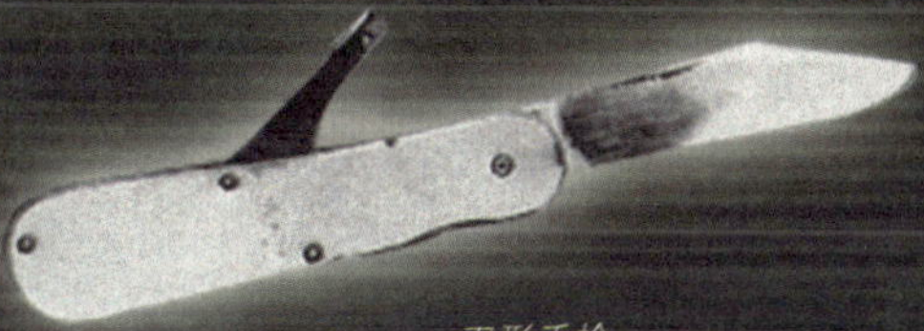
刀形手枪

水下手枪

外型奇特的水下手枪

yě xǔ nǐ yào wèn zài shuǐ xià yě néng shǐ yòng
也许你要问，在水下也能使用
shǒu qiāng ma měi guó hé sū lián yán zhì guò yī zhǒng xīn
手枪吗？美国和苏联研制过一种新
xíng de shǒu qiāng shuǐ xià shǒu qiāng tā kě yǐ yòng zuò
型的手枪——水下手枪，它可以用作
wǔ zhuāng shuǐ xià wā rén de wǔ qì zhuāng bèi yě kě yǐ yòng tā
武装水下蛙人的武器装备，也可以用它
lái gōng jī shuǐ zhōng de shā yú shuǐ xià shǒu qiāng yǒu wǔ gēn lián zài
来攻击水中的鲨鱼。水下手枪有五根连在
yì qǐ de qiāng guǎn bìng pèi bèi le yí ge zhuān mén de dàn jiā zhè zhǒng
一起的枪管，并配备了一个专门的弹夹，这种
dàn jiā kě yǐ zhuāng wǔ fā zǐ dàn měi kòu dòng yī cì bān jī zhǐ néng shè chū
弹夹可以装五发子弹，每扣动一次扳机，只能射出
yì fā zǐ dàn bìng qiě zhǐ néng zài jìn jù lí fàn wéi nèi shè shā mù biāo
一发子弹，并且只能在近距离范围内射杀目标。

枪中之王——机枪

jī qiāng shì yī zhǒng dài qiāng zuò huò zhě qiāng jià
机枪是一种带枪座或者枪架、
néng lián xù shè jī de qiāng yǐ qián yě jiào jī
能连续射击的枪，以前也叫机
guān qiāng jī qiāng shè chéng bǐ bù qiāng yuǎn de
关枪。机枪射程比步枪远得
duō ér qiě huǒ lì mì jí shā shāng lì
多，而且火力密集、杀伤力
dà bǐ jiào cháng jiàn de jī qiāng shì qīng jī
大。比较常见的机枪是轻机
qiāng hé zhòng jī qiāng qīng jī qiāng yī ge rén
枪和重机枪，轻机枪一个人
jiù kě yǐ cāo zuò zhòng jī qiāng zé xū yào
就可以操作，重机枪则需要
duō rén yī qǐ cāo zuò
多人一起操作。

机枪的结构图

最早的机枪

jiā tè lín jī qiāng shì shì jiè shang
加特林机枪是世界上
zuì zǎo chū xiàn de jī qiāng tā yǒu ge zhuàn guǎn yī bān xū yào míng shè
最早出现的机枪。它有6个转管，一般需要4名射
shǒu cāo zuò zhè zhǒng jī qiāng suī rán bèn zhòng dàn tā
手操作。这种机枪虽然笨重，但它
cǎi yòng zì dòng chuán dòng fāng shì jìn xíng fā shè dài biǎo le
采用自动传动方式进行发射，代表了
dāng shí qiāng xiè fā zhǎn de fāng xiàng
当时枪械发展的方向。

大显威力的重机枪

shì jiè shang dì yī tǐng kào huǒ yào qì tǐ néng liàng lái
世界上第一挺靠火药气体能量来
gōng dàn hé fā shè de jī qiāng shì mǎ kè qìn zhòng jī qiāng
供弹和发射的机枪是马克沁重机枪，
tā bèi ān zhuāng zài yī ge wěn gù de qiāng
它被安装在一个稳固的枪
zuò shang bàn fēn zhōng kě yǐ fā
座上，半分钟可以发
shè fā zǐ dàn
射300发子弹。

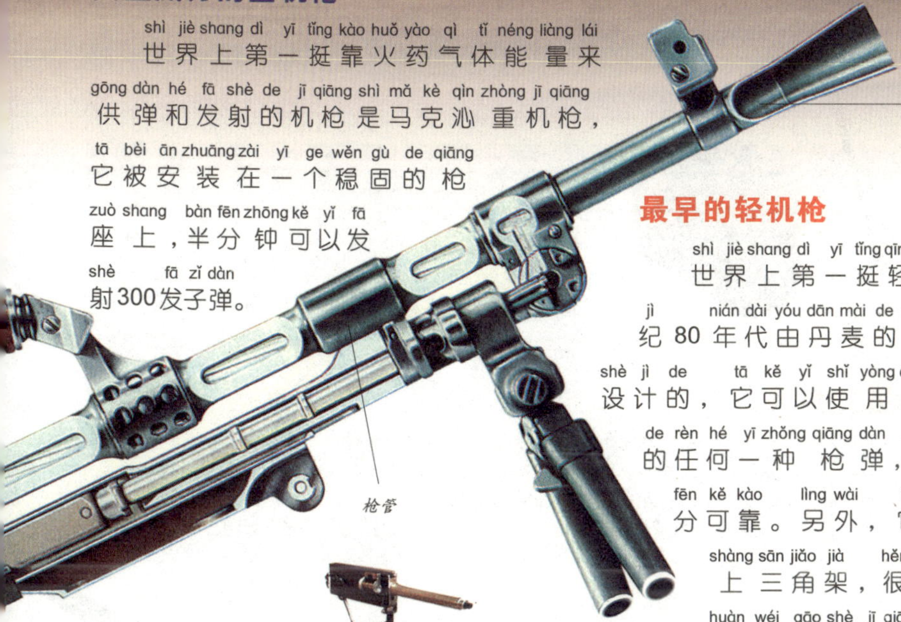

马克沁 08 式 7.92 毫米重机枪

最早的轻机枪

shì jiè shang dì yī tǐng qīng jī qiāng shì shì
世界上第一挺轻机枪是19世
jì nián dài yóu dān mài de mài dé sēn děng rén
纪80年代由丹麦的麦德森等人
shè jì de tā kě yǐ shǐ yòng dāng shí shì jiè shang
设计的，它可以使用当时世界上
de rèn hé yī zhǒng qiāng dàn bìng qiě xìng néng shí
的任何一种枪弹，并且性能十
fēn kě kào lìng wài tā hái kě yǐ zhuāng
分可靠。另外，它还可以装
shàng sān jiǎo jià hěn fāng biàn de zhuǎn
上三角架，很方便地转
huàn wéi gāo shè jī qiāng bù bīng zài shǐ
换为高射机枪；步兵在使
yòng zhè zhǒng qiāng shí wú lùn pā zhe guì zhe hái shì
用这种枪时，无论趴着、跪着，还是
zhàn zhe shè jī dōu hěn fāng biàn suǒ yǐ zài tóu rù shǐ
站着射击，都很方便。所以在投入使
yòng hòu dà shòu shì bīng huān yíng
用后，大受士兵欢迎。

性能优越的布伦轻机枪

yīng guó de bù lún qīng jī qiāng cǎi yòng dǎo qì shì zì dòng fāng shì cǎi yòng fā de
英国的布伦轻机枪采用导气式自动方式，采用30发的
dàn xiá dàn xiá de qián miàn yǒu yī ge bǎ shǒu ràng shì bīng zài shè jī shí bù huì gǎn
弹匣，弹匣的前面有一个把手，让士兵在射击时不会感
jué tàng shǒu bù lún qīng jī qiāng xiān hòu bèi yīng guó jiā ná dà děng shù shí ge
觉烫手。布伦轻机枪先后被英国、加拿大等数十个
guó jiā zhuāng bèi
国家装备。

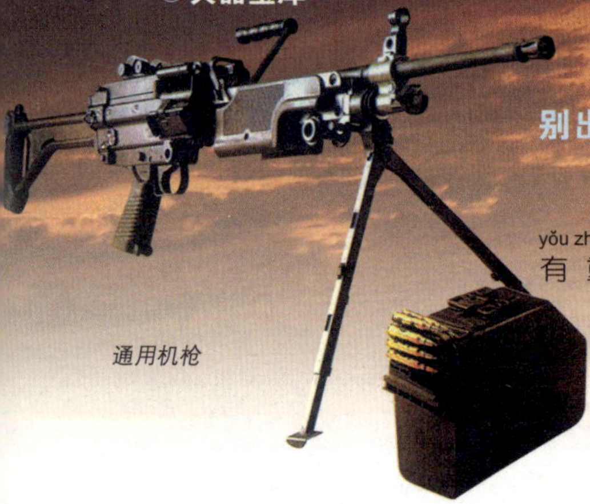

通用机枪

别出心裁的通用机枪

tōng yòng jī qiāng yě jiào liǎng yòng jī qiāng shì yī zhǒng jì jù
通用机枪也叫两用机枪，是一种既具
yǒu zhòng jī qiāng shè chéng yuǎn wēi lì dà de yōu shì yòu jiān bèi
有重机枪射程远、威力大的优势，又兼备
qīng jī qiāng xié dài fāng biàn shǐ yòng líng huó yōu diǎn de
轻机枪携带方便、使用灵活优点的
yī zhǒng jī qiāng tōng yòng jī qiāng shì yóu dé guó zuì xiān fā
一种机枪。通用机枪是由德国最先发
míng de chéng wéi jī qiāng jiā zú zhōng de hòu qǐ zhī xiù
明的，成为机枪家族中的后起之秀。

对空射击用的高射机枪

gāo shè jī qiāng shì yòng yú shè jī kōng zhōng mù biāo de jī qiāng bèi chēng wéi duì kōng liè shǒu tā jù
高射机枪是用于射击空中目标的机枪，被称为“对空猎手”，它具
yǒu kǒu jìng dà chū sù gāo shè sù kuài děng tè diǎn yī zhàn jié shù shí chū xiàn le zuì zǎo de gāo shè
有口径大、初速高、射速快等特点。一战结束时，出现了最早的高射
jī qiāng bìng zài èr zhàn zhōng dé dào guǎng fàn yìng yòng zhàn hòu yóu yú fēi jī fēi xíng de sù
机枪，并在二战中得到广泛应用。战后，由于飞机飞行的速
dù hé gāo dù bù duàn zēng jiā gāo shè jī qiāng de zuò yòng míng xiǎn jiǎn ruò
度和高度不断增加，高射机枪的作用明显减弱。
shì jì nián dài yǐ hòu yóu yú chāo dī kōng fēi xíng de fēi
20世纪80年代以后，由于超低空飞行的飞
jī zēng duō hé zhí shēng fēi jī de shǐ yòng
机增多和直升飞机的使用，
gāo shè jī qiāng yòu chóng xīn huó yuè qǐ lái
高射机枪又重新活跃起来。

性能优越的“迷你迷”轻机枪

“迷你迷”轻机枪是在海湾战争中，伴随美军一道出没在战场的自动武器，立下了很多功劳。这种枪具有重量轻、结构紧凑、体积小、操作方便、保养简单等特点，它最大的特点是既可以使用弹链供弹，又可以使用弹匣供弹，这在其他枪械上是很少见的。

勃朗宁大口径机枪

大口径机枪是指口径在12毫米以上的机枪，它的口径要比重机枪的口径大，射程要更远，火力也更强。这种机枪在最初的时候采用水冷式枪管，后来采用气冷式。勃朗宁大口径机枪在初期的时候是用来对付坦克和装甲车的，后来也被用来防空，或者当做车载武器使用。

知识集装箱

“三最”机枪—MG42 通用机枪 二战时期，德国研制了一种新型机枪——MG42 通用机枪，当时许多人都称赞它是在最短的时间，用最低的成本生产出的最出色的武器，因此被称为“三最”机枪。这种枪在子弹打完的时候，可以很顺利地供弹，并且枪管热了，可以很快更换，因此能够提供强大的火力。

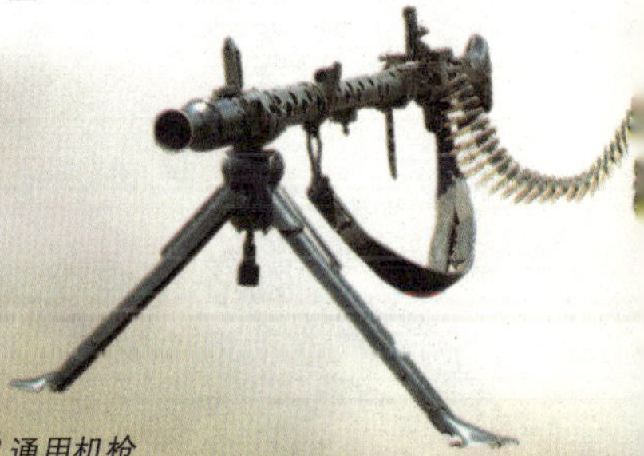

MG42 通用机枪

火力猛烈的冲锋枪

结构紧凑的冲锋枪

chōng fēng qiāng gè tóu bǐ bù qiāng ǎi pí
冲锋枪个头比步枪“矮”，“脾
qi què yǒu diǎn xiàng jī qiāng hái céng jīng bèi chēng wéi
气”却有点像机枪，还曾经被称为
shǒu tí jī guān qiāng chōng fēng qiāng xié dài fāng biàn
“手提机关枪”。冲锋枪携带方便，
yòng qǐ lái tè bié shùn shǒu zāo yù dí rén shí néng tū rán kāi huǒ ér qiě shè sù
用起来特别顺手，遭遇敌人时能突然开火，而且射速
gāo huǒ lì měng tè bié shì hé jìn zhàn de chōng fēng yǔ fǎn chōng fēng shì chéng shì xiàng
高、火力猛，特别适合近战的冲锋与反冲锋，是城市巷
zhàn cóng lín zuò zhàn qiàn háo zuò zhàn de lǐ xiǎng wǔ qì
战、丛林作战、堑壕作战的理想武器。

冲锋枪的诞生

chōng fēng qiāng dàn shēng yú yī zhàn zhōng wèi le shì yìng zhèn dì zhēng duó zhàn de xū
冲锋枪诞生于一战中。为了适应阵地争夺战的需
yào yì dà lì zài nián shè jì le yī zhǒng lǐ lùn shè sù hěn gāo néng fā shè shǒu
要，意大利在1915年设计了一种理论射速很高、能发射手
qiāng zǐ dàn de zì dòng wǔ qì hòu lái bèi chēng wéi wéi lè pà luò shā shì chōng
枪子弹的自动武器，后来被称为维勒·帕洛沙M1915式冲
fēng qiāng gāi qiāng bèi yù wéi chōng fēng qiāng de bí zǔ
锋枪，该枪被誉为冲锋枪的鼻祖。

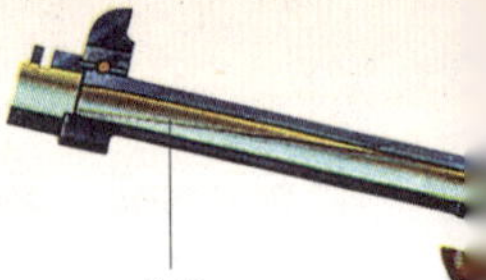

枪管

元老级冲锋枪——汤姆森冲锋枪

tāng mǔ sēn chōng fēng qiāng shì yuán lǎo jí chōng fēng qiāng
汤姆森冲锋枪是元老级冲锋枪
zhī yī zài èr zhàn zhōng fā huī le zhòng yào zuò yòng tā yǒu yī
之一，在二战中发挥了重要作用。它有一
ge hěn dà de tè diǎn nà jiù shì cǎi yòng le bàn zì dòng qiāng jī
个很大的特点，那就是采用了半自动枪机，
zhè zhǒng qiāng jī bù dàn shǐ chōng fēng qiāng de zhěng tǐ zhòng liàng jiǎn qīng
这种枪机不但使冲锋枪的整体重量减轻
le xǔ duō ér qiě hái bǎo chí le
了许多，而且还保持了
chōng fēng qiāng kě kào xìng gāo de yōu diǎn
冲锋枪可靠性高的优点。

怪模怪样的司登冲锋枪

sī dēng chōng fēng qiāng shì yīng guó zài èr zhàn hòu tuī chū
司登冲锋枪是英国在二战后推出
de tā cǎi yòng zì yóu qiāng jī yuán lǐ dàn
的，它采用自由枪机原理，弹
xiá zài zuǒ cè gōng dàn gěi rén yī zhǒng guài guài
匣在左侧供弹，给人一种怪怪
de gǎn jué tā de wēi lì yǔ zào jià áng guì de tāng
的感觉。它的威力与造价昂贵的汤
mǔ xùn chōng fēng qiāng jī hū xiāng dāng ér zhì zuò chéng
姆逊冲锋枪几乎相当，而制作成
běn dī lián lì yú dà guī mó dì shēng chǎn hé tuī guǎng
本低廉，利于大规模地生产和推广。

握柄与弹匣合一的冲锋枪

性能最可靠的冲锋枪——乌齐冲锋枪

wū qí chōng fēng qiāng jù yǒu hěn tū chū de tè diǎn tā jié gòu jǐn còu jiǎn dān bù jú shí fēn hé lǐ
乌齐冲锋枪具有很突出的特点，它结构紧凑、简单，布局十分合理，
xié dài fēi cháng ān quán ér qiě chéng běn yě hěn dī zì dàn shēng yǐ lái wū qí chōng fēng qiāng jīng lì
携带非常安全，而且成本也很低。自诞生以来，乌齐冲锋枪经历
le zhōng dōng zhàn zhēng de duō cì kǎo yàn bèi rèn wéi shì zuì kě kào de chōng fēng qiāng
了中东战争的多次考验，被认为是最可靠的冲锋枪。

冲锋枪结构图

世界公认的名枪——MP5冲锋枪

MP5冲锋枪

MP5冲锋枪是德国制造的世界名枪，它在多次反恐行动中大显身手。这全靠它极其优良的性能。这种枪在等待射击的时候，枪膛是封闭的，所有的零件都处于闭锁状态，不会到处“乱跑”。一扣动扳机，就会很准确地击中目标，命中精度特别高，受到许多国家特种部队的高度评价。

装有瞄准镜的冲锋枪

布奇曼冲锋枪

布奇曼冲锋枪是一种新型的武器，它的突出特点是采用了功能很强的电子控速器，这就使得这种枪的射速保持在每分钟400发。如果不用电子控速器，它的射速会高达每分钟1400发，那样的话，士兵在射击时根本没法瞄准。这种枪的另一个特点是可以发射不同种类的子弹，适应性很强。

MP5冲锋枪正面图

特种冲锋枪

特种部队必须有得心应手的武器，才能更好的发挥惩恶除暴的作用。20世纪60年代，各国开始研制短小轻便且单手射击的轻型、微型特种冲锋枪，它的特点是体积小、精度高、重量轻、弹匣容量大。

单兵自卫武器

单兵自卫武器

单兵自卫武器是一种融合了冲锋枪和手枪优点的特殊武器。它体积小，重量轻，携带方便，维护和保养都很简单，并且有较高的命中率和杀伤力，易于捕捉目标和迅速开火，在短兵相接时能有效地实施攻击和自卫。单兵自卫武器是进行个人防护的极好武器。

似枪非枪的榴弹发射器

德国HK79式40毫米榴弹发射器

榴弹发射器曾在越南战争中大显身手。说它像枪，是因为它抵肩发射，外形有些像枪；说它像炮，是因为它发射的弹药像小型炮弹一样会爆炸，人们于是给它起了榴弹发射器这个名字。

南非阿姆斯科MGL式榴弹发射器

榴弹发射器的雏形

榴弹发射器是从信号枪改装来的。在二战期间，日本陆军研制过类似榴弹发射器功能的榴弹掷弹筒。德军则把27毫米信号枪进行了改装，并且配上了相应的榴弹，用它对付战场上的步兵和装甲目标。这两种二战期间出现的武器都可以算作榴弹发射器的雏形。

枪式榴弹发射器

因为榴弹发射器是从信号枪改装来的，所以最初的榴弹发射器像枪一样。其中单发榴弹发射器的外形像是大口径的单筒猎枪，靠人工装填，可以发射破甲弹、照明弹、燃烧弹等各种弹药。另一种像左轮枪一样，在弹巢内一次装入6发榴弹，扣动一次扳机，发射一次弹药，被称为“超级左轮枪”。

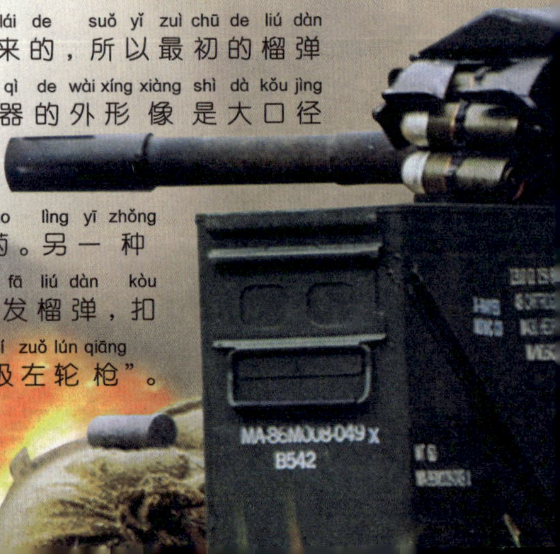

枪挂式榴弹发射器

美国M203枪挂式40毫米榴弹发射器

枪挂式榴弹发射器是一种将步枪和榴弹发射器合在一起的武器，步枪在发射时只是起到一个支撑作用。步枪与榴弹发射器是各自独立的，不用的时候，就可以把发射器卸下来，非常方便。

自动榴弹发射器

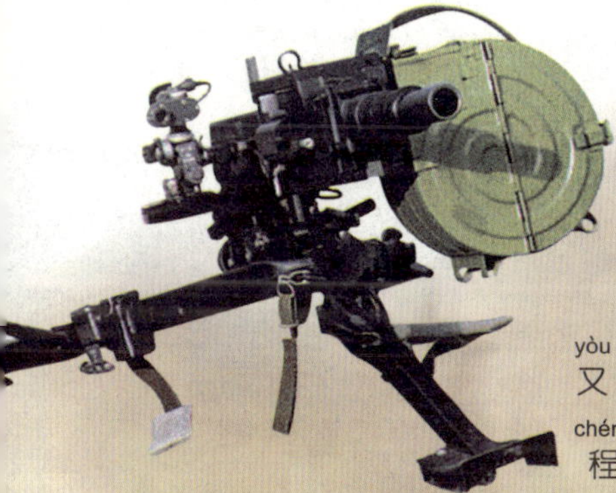

俄罗斯AGS17 30毫米自动榴弹发射器

自动榴弹发射器是一种更为先进的榴弹发射器。它的操作过程与自动枪械非常相似，外形和基本结构很像机枪，同时又采用与机枪一样的瞄准具和枪架，所以人们又叫它榴弹机枪。另外，自动榴弹发射器的射程远，火力猛烈，是一种威力较大的轻型支援武器，因此它又有一个绰号——“微型火炮”。

“轻声细语”的微声枪支

我们都知道，枪的声音很大。当侦察人员执行任务的时候，如果枪声被敌人听见，就会暴露自己。于是一类特殊的枪支——微声枪支就问世了，微声枪也叫无声枪。它在射击的时候并不是一点声音都没有，只是声音很微弱，周围的敌人很难察觉。即使听到了，也常常不以为是枪声。这一类枪在执行侦察等特殊的任务时，能够派上大用场。

微声的原因

微声手枪射击时几乎没有声音，这全要归功于枪管上套的一个圆筒形消声器。扣动扳机后，枪里面产生的高压气流，会在消声器的作用下经过多次膨胀，每膨胀一次，就消耗掉一部分气体，到最后，剩下的气体喷出套筒时，压力和速度很低，声音就变弱了。

微声枪的拆卸过程

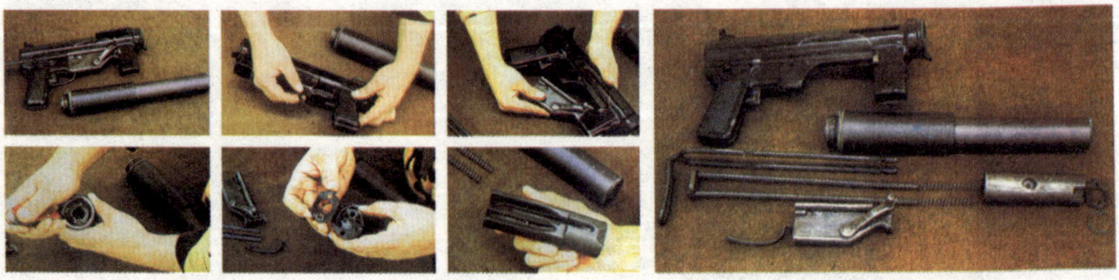

微声手枪

wēi xíng shǒu qiāng shì yī zhǒng bǐ jiào
微型手枪是一种比较
cháng jiàn de wēi shēng qiāng zhī zhǔ yào yòng lái xiāo miè dān gè dí
常见的微声枪支，主要用来消灭单个敌
rén bǐ jiào yǒu dài biǎo xìng de wēi shēng shǒu qiāng shì sū lián zhì
人。比较有代表性的微声手枪是苏联制
zào de wēi shēng shǒu qiāng tā de shè jì jiǎn dān jié gòu
造的PSS微声手枪，它的设计简单，结构
fēi cháng jǐn còu hòu zuò lì xiǎo
非常紧凑，后坐力小。

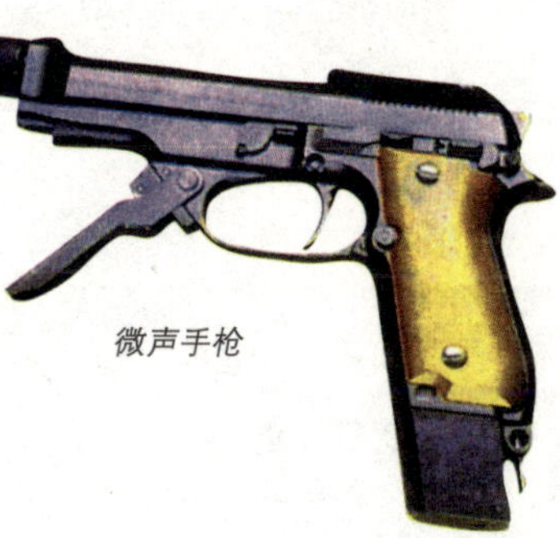

微声手枪

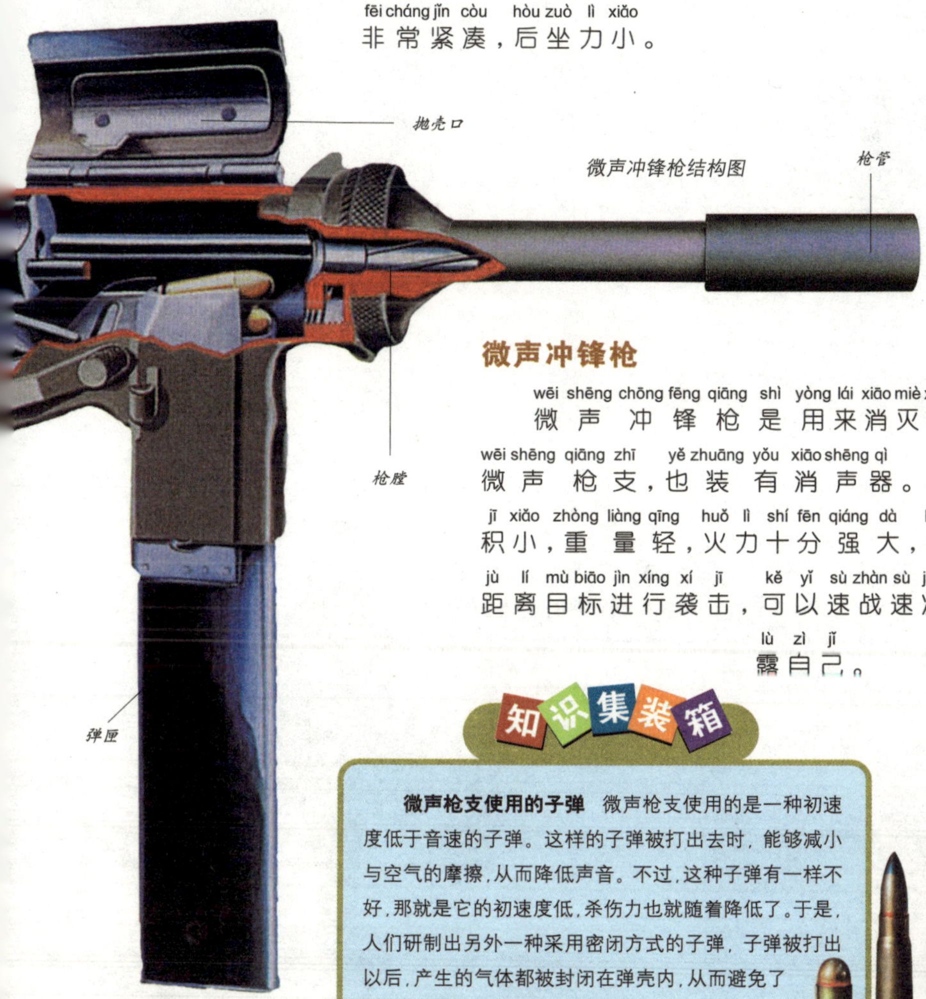

微声冲锋枪结构图

微声冲锋枪

wēi shēng chōng fēng qiāng shì yòng lái xiāo miè xiǎo gǔ dí rén de
微声冲锋枪是用来消灭小股敌人的
wēi shēng qiāng zhī yě zhuāng yǒu xiāo shēng qì zhè zhǒng qiāng tǐ
微声枪支，也装有消声器。这种枪体
jī xiǎo zhòng liàng qīng huǒ lì shí fēn qiáng dà hěn shì hé duì jìn
积小，重量轻，火力十分强大，很适合对近
jù lí mù biāo jìn xíng xí jī kě yǐ sù zhàn sù jué ér yòu bù bào
距离目标进行袭击，可以速战速决而又不暴
lù zì jǐ
露自己。

知识集装箱

微声枪支使用的子弹 微声枪支使用的是一种初速度低于音速的子弹。这样的子弹被打出去时，能够减小与空气的摩擦，从而降低声音。不过，这种子弹有一样不好，那就是它的初速度低，杀伤力也就随着降低了。于是，人们研制出另外一种采用密闭方式的子弹，子弹被打出以后，产生的气体都被封闭在弹壳内，从而避免了与气体摩擦产生的强大声音。

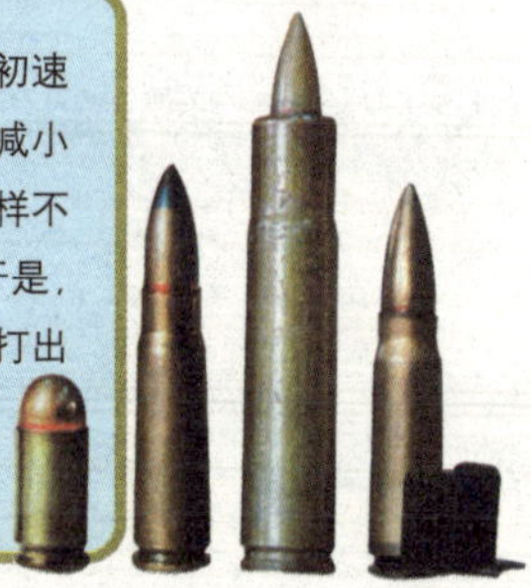

微声枪支使用的子弹

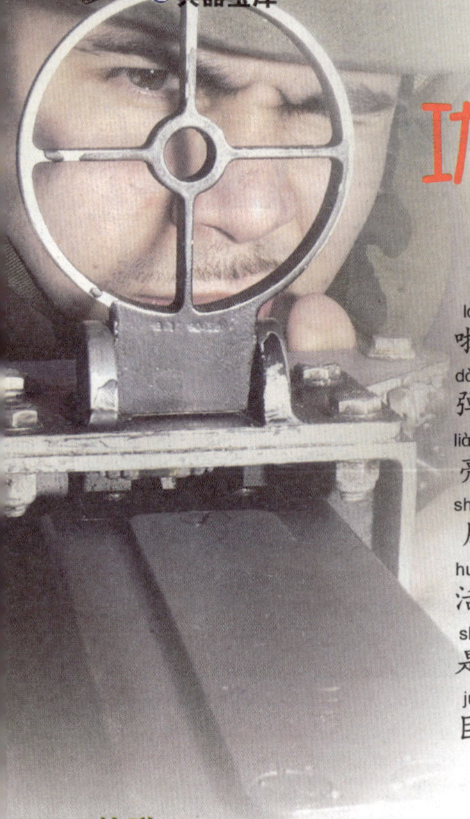

功能奇特的弹药

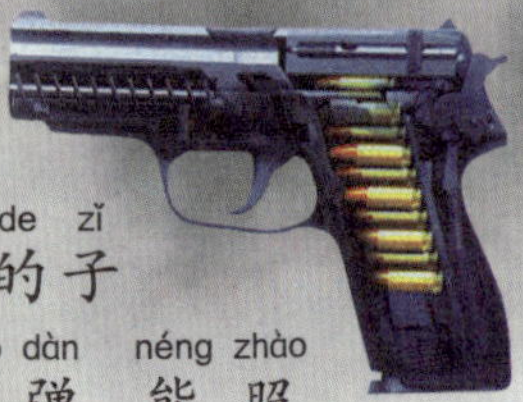

dàn yào de zhǒng lèi kě duō
弹药的种类可多

la wǒ men zhī dào de yǒu qiāng xiè de zǐ
啦，我们知道的有枪械的子

dàn hōng jī dí rén zhèn dì de pào dàn néng zhào
弹、轰击敌人阵地的炮弹、能照

liàng dà dì de zhào míng dàn děng děng gè zhǒng gè yàng jǔ bù
亮大地的照明弹等等，各种各样，举不

shèng jǔ měi yī zhǒng dàn yào dōu yǒu tā zì jǐ de jué
胜举。每一种弹药都有它自己的“绝

huó kě wèi gōng néng dú tè shēn shǒu bù fán yóu qí
活”，可谓功能独特，身手不凡，尤其

shì chuān jiǎ dàn huǒ jiàn dàn děng néng zài shùn jiān bào fā chū
是穿甲弹、火箭弹等，能在瞬间爆发出

jù dà de wēi lì pò huài lì jí qiáng
巨大的威力，破坏力极强。

枪弹

qiāng dàn jiù shì cóng qiāng guǎn li fā shè chū de dàn yào zài shǐ yòng shí
枪弹就是从枪管里发射出的弹药。在使用时，

qiāng guǎn zhōng de jī zhēn měng liè zhuàng jī qiāng dàn dǐ huǒ zhōng de huǒ
枪管中的击针猛烈撞击枪弹底火中的火

yào bǎ huǒ yào diǎn rán cóng ér chǎn shēng gāo wēn gāo yā de huǒ yào
药，把火药点燃，从而产生高温高压的火药

rán qì tuī dòng qiāng dàn de dàn tóu yán zhe qiāng táng wǎng wài
燃气，推动枪弹的弹头沿着枪膛往外

pǎo rán hòu jiù kě yǐ shā shāng dí fāng de mù biāo le
跑，然后就可以杀伤敌方的目标了。

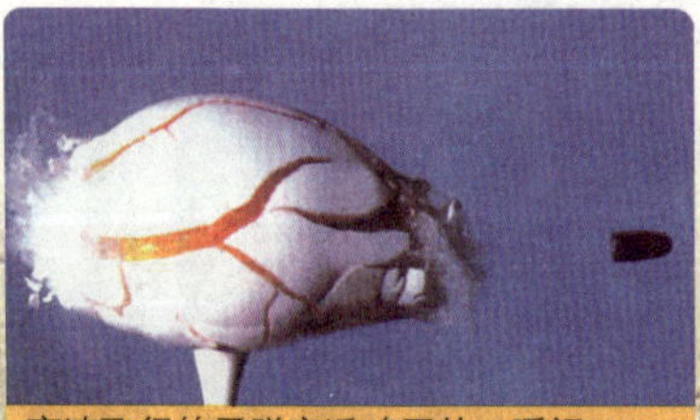

高速飞行的子弹穿透鸡蛋的一瞬间

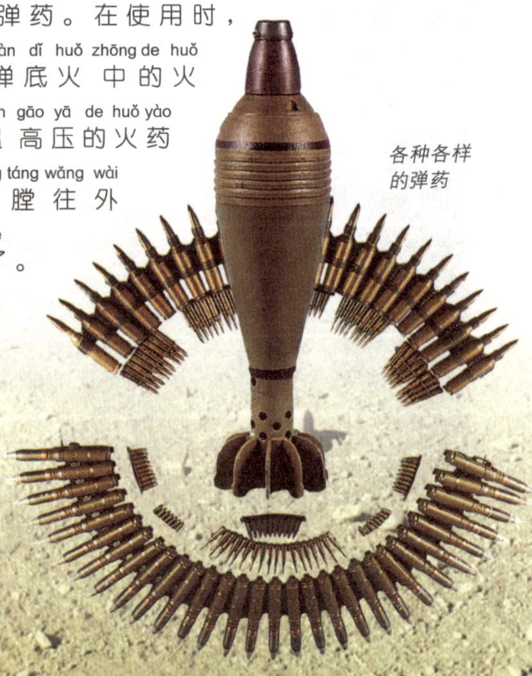

各种各样的弹药

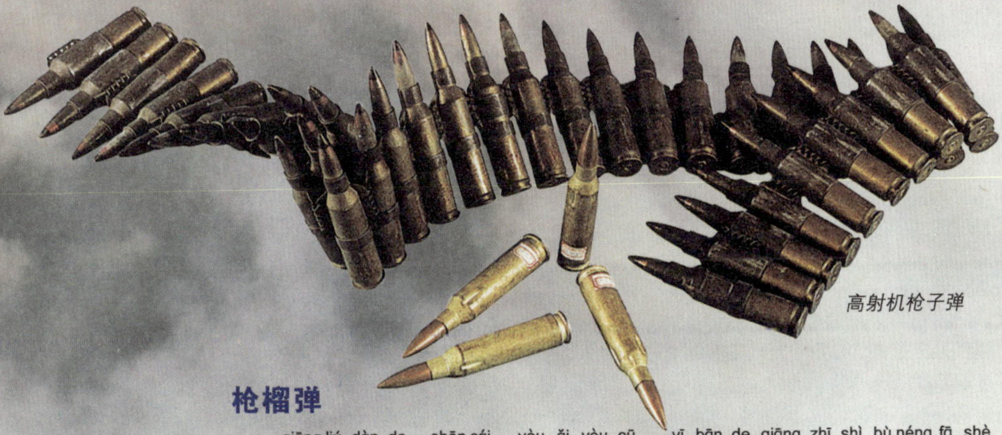

高射机枪子弹

枪榴弹

枪榴弹的“身材”又矮又粗，一般的枪支是不能发射枪榴弹的，必须把特殊的发射装置临时装在普通枪口上，或者干脆把普通的枪口改造一下，就可以发射枪榴弹了。枪榴弹里面可以装很多弹药，威力特别大，通常用来对付坦克或装甲战车的装甲，它能以很高的温度和速度穿透装甲。

子弹结构图

火箭弹

火箭弹是一种奇特的炮弹，它在飞行时能喷射出长约10米的火焰，好像火龙从天空呼啸而过。最为奇特的是，火箭弹本身装有发动机，发动机喷出的燃气向后喷射，产生持续的反作用力，这种反作用力就会推动炮弹向前飞驰。在战场上，常常是许多枚火箭弹一齐发射，可以在很短的时间内，造成巨大的破坏。

知识集装箱

子弹为什么能打伤人 子弹是用铜和铅制的，比石头还要硬。子弹在飞行时速度非常快，而且一边飞一边旋转。如果打到身上，一下子就钻到肉里，比螺丝钉钻进木头还容易。所以如果子弹打中人的心脏或脑袋等要害的地方，人就活不成了，如果打在四肢或别的部位上，人就要受伤。有一些子弹打进人体后，能够在身体里翻跟头，使人更加痛苦，甚至死亡。

榴弹

liú dàn yě jiào kāi huā dàn shì dàn yào zhōng de yuán lǎo tā chū xiàn
榴弹也叫开花弹，是弹药中的“元老”，它出现
de zuì zǎo shǐ yòng de shí jiān yě zuì cháng liú dàn de pò huài zuò yòng shì kào
得最早，使用的时间也最长。榴弹的破坏作用是靠
qí lǐ miàn zhuāng tián de zhà yào wán chéng de liú dàn bào zhà shí zài hěn duǎn
其里面装填的炸药完成的。榴弹爆炸时，在很短
de shí jiān nèi chǎn shēng de gāo wēn gāo yā qì tǐ xùn sù péng zhàng bǎ dàn ké
的时间内，产生的高温高压气体迅速膨胀，把弹壳
chēng pò zhè shí chǎn shēng de suì piàn hé chōng jī bō jiù bǎ dí rén huò bào pò
撑破，这时产生的碎片和冲击波就把敌人或爆破
mù biāo zhà kāi huā le
目标炸“开花”了。

榴弹

德国造 40×46 毫米榴弹

穿甲弹

chuān jiǎ dàn shì yī zhǒng shēn zi gǔ tè bié yìng
穿甲弹是一种“身子骨”特别硬
lang de pào dàn tā de dàn tóu dōu shì yòng bǐ tǎn kè zhuāng
朗的炮弹，它的弹头都是用比坦克装
jiǎ yìng de duō de cái liào zhì chéng de fēi cháng jiān yìng
甲硬得多的材料制成的，非常坚硬，
shì tǎn kè zhuāng jiǎ chē liàng de sǐ duì tou dāng tā luò
是坦克、装甲车辆的死对头。当它落
dào mù biāo shang shí néng zài měi píng fāng lí mǐ de miàn
到目标上时，能在每平方厘米的面
jī shang chǎn shēng jǐ shí dūn zhì shù bǎi dūn de yā lì
积上产生几十吨至数百吨的压力，
zú yǐ chuān tòu tǎn kè zhuāng jiǎ chē de zhuāng jiǎ
足以穿透坦克、装甲车的装甲。

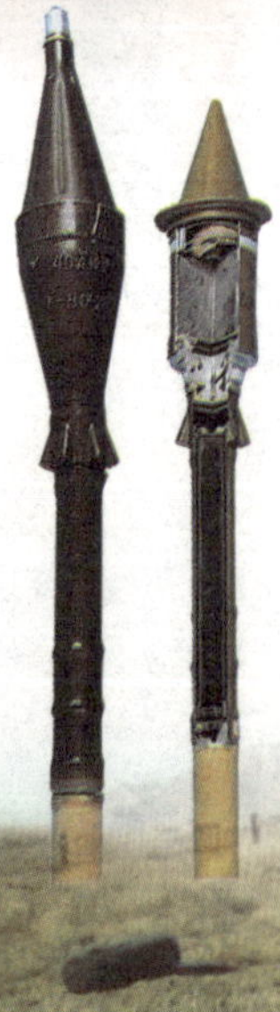

穿甲弹

发烟弹可以产生大量烟雾。

发烟弹

fā yān dàn zhǔ yào shì gěi dí rén de shì jué zào chéng zhàng ài
发烟弹主要是给敌人的视觉造成障碍，
dá dào mí huò dí rén de mù dì
达到迷惑敌人的目的。
tā yóu yǐn xìn dàn ké fā yān jì hé zhà yào guǎn zǔ chéng
它由引信、弹壳、发烟剂和炸药管组成。
fā yān dàn zhì zào yān wù zhǔ yào kào de shì fā yān jì de zuò yòng
发烟弹制造烟雾主要靠的是发烟剂的作用。
dāng fā yān dàn bèi fā shè dào mù biāo qū yù shí yǐn xìn yǐn bào zhà yào guǎn li de zhà yào
当发烟弹被发射到目标区域时，引信引爆炸药管里的炸药，
dàn ké tǐ zhà kāi jiāng fā yān jì pāo sàn dào kōng qì zhōng
弹壳体炸开，将发烟剂抛散到空气中，
fā yān jì yī yù dào kōng qì jiù lì kè zì xíng rán shāo bìng bù duàn de shēng chū gǔn gǔn de nóng yān lái
发烟剂一遇到空气，就立刻自行燃烧，并不断地生出滚滚的浓烟来。

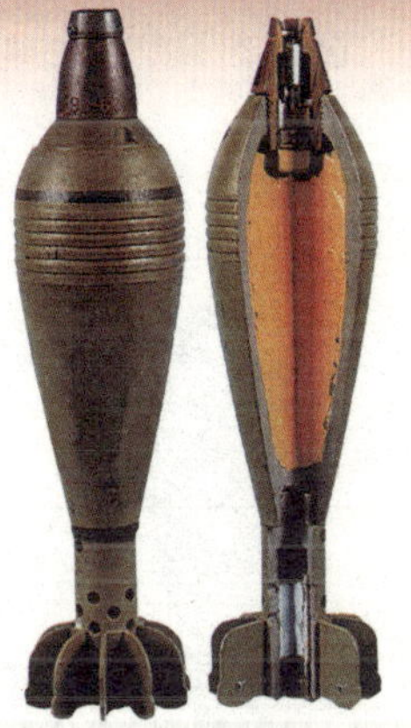

迫击炮发烟弹

照明弹照亮大地。

照明弹

zài zhào míng dàn nèi bù yǒu tè shū de zhào míng zhuāng zhì hé zhào míng jì
在照明弹内部有特殊的照明装置和照明剂。
tā men rán shāo shí néng chǎn shēng jǐ qiān dù de gāo wēn fàng shè chū yào yǎn de guāng máng
它们燃烧时，能产生几千度的高温，放射出耀眼的光芒，
bìng néng yǒu yī dìng de rán shāo shí jiān
并能有一定的燃烧时间。
dāng zhào míng dàn shè chū fēi dào yù dìng de kōng yù hòu dàn wán zhōng de shí jiān yǐn xìn kāi shǐ diǎn huǒ yǐn rán zhào míng jì
当照明弹射出，飞到预定的空域后，弹丸中的时间引信开始点火，引燃照明剂，
zhào míng dàn xià miàn de jiàng luò sǎn zhāng kāi zhào míng hé lián tóng rán shāo dàn de zhào míng jì xú xú jiàng luò
照明弹下面的降落伞张开，照明盒连同燃烧弹的照明剂徐徐降落，
yú shì bái chì de guāng máng biàn sǎ xiàng dà dì
于是白炽的光芒便撒向大地。

步兵的好帮手——手榴弹

在战场上，步兵手中有两件宝，一件是步枪，另一件就是手榴弹。手榴弹是一种用手投掷的弹药，是武器中的“小不点”，它弹体轻小，具有一定的威力，生产、携带、使用都很简便，并且造价低廉。现代手榴弹大多带有手柄，不带手柄的手榴弹又称为手雷。

手榴弹

进攻手榴弹

进攻手榴弹

进攻手榴弹是步兵进攻时使用的。它“肚子”里装的药量很多，主要靠强大的爆炸力来杀伤敌人。它的弹壳壁薄，并且是用铁皮、塑料或纸板制成的，因此不会产生大量破片，危险性小，士兵可在投掷后继续前进而不受伤害。

防御手榴弹

防御手榴弹爆炸产生的破片就像炸开的"爆米花"一样，能够四处飞散杀伤敌人，从而产生巨大的威慑和破坏作用。一枚防御手榴弹的破片数为300～4000片，有的多达5800片。因为危险性较大，士兵在投掷后需要立即隐蔽。

防御手榴弹

反坦克手榴弹

反坦克手榴弹是坦克的克星，有的反坦克手榴弹专门破坏坦克身上比较脆弱的部位，而有的则能够直接穿透200毫米厚的坦克装甲。反坦克手榴弹一般带有手柄，弹尾有像伞一样的稳定装置，能保证手榴弹的命中姿态正确，有利于击破装甲。

反坦克手榴弹

知识集装箱

最早的"手榴弹" 北宋时期，出现了爆炸性火器，如霹雳火球、蒺藜火球等，这类火器利用火药的燃烧性能，并掺进一些发烟的毒性药物，用于焚烧、杀伤敌人。其作用类似现在的手榴弹，由士兵投向敌人，引发爆炸。毒药烟球是一种能产生毒气的"手榴弹"，在火药的基本成分上，加入砒霜，装填于球内，吸入毒气的人会中毒而亡。

地面杀手——地雷

士兵正在埋设地雷。

地雷是一种爆炸性火器，被称为“地面杀手”。地雷可以埋在地下，也可以布设在地表。有的地雷需要敌人踩在它身上，它才会爆炸；另外一些地雷可以由人工操纵，在适当的时候引爆。地雷爆炸以后能够直接杀伤敌方的士兵，也能把敌人的坦克装甲车辆炸成“残废”。

定向地雷

定向地雷

定向地雷必须进行预先的设定，才能发挥作用。一颗定向地雷有400颗以上的弹丸，爆炸后，里面的钢珠或破片能向预先设定的方向发散，相当于几十挺机枪齐射。钢珠发散的面积很大，能杀伤80米内的敌人。当敌人的步兵或骑兵踩到它时，就会被炸得人仰马翻。

反步兵地雷

fǎn bù bīng dì léi shì zhuān mén duì fu tú bù xíng zǒu de bù bīng yòng de dì léi tā
反步兵地雷是专门对付徒步行走的步兵用的地雷。它
yǒu hěn duō zhǒng lèi qí zhōng yǒu yī zhǒng huì tiào dòng de tiào léi dāng dí rén cǎi dào
有很多种类，其中有一种会“跳动”的跳雷，当敌人踩到
tā shí tā néng tiào dào kōng zhōng bào zhà hái yǒu yī zhǒng zǐ dàn léi cǎi shàng hòu zǐ
它时，它能跳到空中爆炸；还有一种子弹雷，踩上后子
dàn jiù huì shè chū zhuān mén zhà shāng rén de jiǎo zhǎng
弹就会射出，专门炸伤人的脚掌。

反步兵地雷

美国造 M83 式地雷

反坦克地雷

fǎn tǎn kè dì léi shì yòng lái zhà huǐ dí rén zhuāng jiǎ mù biāo de àn yòng tú bù tóng
反坦克地雷是用来炸毁敌人装甲目标的。按用途不同
kě fēn wéi zhà lǚ dài léi zhà chē dǐ léi hé zhà cè jiǎ hòu dǐng léi dāng dí rén de tǎn
可分为炸履带雷、炸车底雷和炸侧甲（后顶）雷。当敌人的坦
kè yà dào zhà lǚ dài léi huò zhà chē dǐ léi shí jiù huì bèi zhà de dòng bù liǎo wō ér
克轧到炸履带雷或炸车底雷时，就会被炸得动不了“窝”。而
dāng zhà cè jiǎ léi yào xiǎng fā huī zuò yòng shí zhǐ yào dí rén de tǎn kè jìn rù shè chéng
当炸侧甲雷要想发挥作用时，只要敌人的坦克进入射程，
tā jiù huì xiàng mù biāo fā shè yī méi
它就会向目标发射一枚
huǒ jiàn dàn cuī huǐ dí rén de
火箭弹，摧毁敌人的
tǎn kè
坦克。

第三章

火炮集中营

火炮被称为“战争之神”，它与枪械本是兄弟，因为它们都是管形火器，只是管形火器的身管粗到一定程度的时候就成了火炮。最早的火炮是中国元代的铜火铳，后来火炮经过不断发展，威力越来越大。如果你到火炮集中营来，你会发现当年把德军炸得哭天喊地的火箭炮，竟有一个美丽的名字——卡秋莎；坦克的老对手——无坐力炮的发射原理竟是出自意大利画家达·芬奇的设想。看着火炮集中营里身管像长颈鹿的脖子样长的加农炮，高昂着头颅的迫击炮……你就不想走近些，看得更仔细些吗？操纵着这些各具特色的火炮，你就是火炮集中营的主人了。

早期的火炮

明代三眼铁火铳

世界上早期的火炮都比较粗糙和笨重，根本没法跟现代火炮相比。但是，火炮的杀伤力毕竟比刀、矛、剑、戈等冷兵器要大得多。从最早的火铳到后来的红夷大炮，火炮不断发展，直到再后来线膛炮的出现，才使那时的火炮具备了现代火炮的一些特征。

火炮的起源

世界上最早的火炮起源于中国。那是在13世纪末到14世纪初的元代，出现了用铜做成的管形火器——铜火铳，后来改用铁制造了。这些火器看起来像是又黑又粗的圆筒，很威武的样子。火铳在轰击敌人的时候，显示出很大的威力，这种管形火器就是最早的火炮。

元代铜火铳

葡萄牙的佛朗机炮

佛朗机炮

fó lǎng jī pào shì 　shì jì mò dào 　shì jì chū 　zhōng guó
佛朗机炮是15世纪末到16世纪初，中国
duì dāng shí pú táo yá huǒ pào de chēng hu 　tā cǎi yòng jǐ ge zǐ
对当时葡萄牙火炮的称呼。它采用几个子
pào lún liú ān zhuāng de xíng shì zhuāng tián pào dàn 　měi ge zǐ pào li kě yǐ zhuāng 　ge tiě dàn 　rú guǒ yī
炮轮流安装的形式装填炮弹，每个子炮里可以装500个铁弹，如果一
ge zǐ pào li de dàn wán yòng wán le 　jiù huàn lìng yī ge zǐ pào 　zhè yàng jiù tí gāo le shè jī de sù dù
个子炮里的弹丸用完了，就换另一个子炮，这样就提高了射击的速度。

打得更准的红夷大炮

红夷炮

hóng yí dà pào shì zhōng guó míng cháo wàn lì nián jiān cóng hé lán
红夷大炮是中国明朝万历年间从荷兰
rén nà lǐ mǎi lái de xīn shì dà pào 　dāng shí jiù jiào tā hóng yí pào 　hóng
人那里买来的新式大炮，当时就叫它红夷炮。红
yí pào de kǒu jìng bǐ jiào dà 　pào guǎn de guǎn bì yě bǐ jiào hòu 　zhè zhǒng huǒ
夷炮的口径比较大，炮管的管壁也比较厚。这种火
pào ān zhuāng yǒu miáo zhǔn zhuāng zhì 　néng gòu dǎ de gèng zhǔn 　lìng wài 　zài huǒ pào de zhōng jiān hái shè yǒu
炮安装有瞄准装置，能够打得更准。另外，在火炮的中间还设有
pào ěr 　zhè yàng zài jià pào de shí hou 　jiù kě yǐ bǎo chí pào shēn de píng wěn le 　hóng yí dà pào shì dāng shí
炮耳，这样在架炮的时候，就可以保持炮身的平稳了。红夷大炮是当时
wēi lì zuì dà de huǒ pào
威力最大的火炮。

知识集装箱

能使炮弹旋转飞行的线膛炮 火炮在早期的时候，炮管内壁都是非常光滑的，炮弹在飞行时很不稳定。1846年初，意大利人发明了螺旋线膛炮，也就是在炮管的内壁增加了螺旋型的膛线。螺旋型的膛线使炮弹能够旋转飞行，十分稳定，不仅射出的距离更远了，射击的精度也提高了很多。

早期设想的用线膛炮发射的卵形弹

炮族主力——榴弹炮

zài chéng yuán zhòng duō de huǒ pào dà jiā zú zhōng liú
在成员众多的火炮大家族中，榴
dàn pào yī zhí qǐ zhe zhǔ lì jūn de zuò yòng tā de pào guǎn
弹炮一直起着主力军的作用。它的炮管
bù shì hěn cháng shè jī shí pào dàn zài pào guǎn li dāi de
不是很长，射击时，炮弹在炮管里待的
shí jiān hěn duǎn chǎn shēng de huǒ yào qì tǐ bù huì duì pào shēn
时间很短，产生的火药气体不会对炮身
chǎn shēng hěn dà de yǐng xiǎng lìng wài liú dàn pào fā shè
产生很大的影响。另外，榴弹炮发射
yǐ hòu pào dàn de dàn dào shì wān qū de ér qiě shè chū
以后，炮弹的弹道是弯曲的，而且射出
de jù lí yě bǐ jiào duǎn suǒ yǐ tā shì hé dǎ jī yǐn bì
的距离也比较短，所以它适合打击隐蔽
mù biāo hé dì miàn mù biāo
目标和地面目标。

榴弹炮发射瞬间

打开榴弹炮瞧一瞧

liú dàn pào bìng bù shén mì chāi kāi yī kàn jiù huì fā xiàn tā shì yóu pào shēn hé pào jià liǎng dà bù fen zǔ
榴弹炮并不神秘，拆开一看就会发现它是由炮身和炮架两大部分组
chéng de pào shēn bù fen yóu shēn guǎn pào wěi pào shuān hé pào kǒu zhì tuì qì zǔ chéng shēn guǎn de cháng dù
成的。炮身部分由身管、炮尾、炮闩和炮口制退器组成。身管的长度
hé zhǐ xiàng néng jué dìng dàn wán de chū sù jí fēi xíng fāng xiàng pào wěi yòng lái chéng zhuāng pào shuān pào shuān
和指向能决定弹丸的初速及飞行方向；炮尾用来盛装炮闩；炮闩
yòng lái bì suǒ pào táng jī fā
用来闭锁炮膛、击发
pào dàn hé chōu chū fā shè hòu
炮弹和抽出发射后
de yào tǒng pào kǒu zhì tuì qì yòng lái jiǎn
的药筒；炮口制退器用来减
shǎo pào shēn hòu zuò chǎn shēng de néng liàng
少炮身后坐产生的能量。

美国造 M2A1 式 105 毫米榴弹炮

牵引式榴弹炮

榴弹炮主要分为牵引式和自行式两种。牵引式榴弹炮不能自己“走路”，必须借助外力牵引才能移动，而且固定后才能射击。这样看来，它不是很灵活，在作战中会受到一定的限制。为了弥补这种不足，未来的牵引式榴弹炮将会安装上体积小、功率大的辅助移动装置，或者把它安装在车辆的底盘上，使榴弹炮能迅速进入和撤出阵地。

美国75毫米轻型牵引式榴弹炮

自行式榴弹炮

自行式榴弹炮可以“骑”在军用车上，到处跑，还可以一边跑，一边射击。现在，世界上的榴弹炮正在全面向自行化方向发展。以美军为例，除了轻型部队还装备有牵引式榴弹炮外，其余部队装备的全是自行式榴弹炮。

韩国K9式155毫米自行榴弹炮

知识集装箱

榴弹炮名字的由来 榴弹炮的名字来源于榴弹。16世纪中期，英国人发明了一种装有许多金属小弹丸的球形爆炸弹。由于这种炮弹像多籽的石榴，所以把它叫做“榴弹”，发射这种炮弹的炮也就被叫做“榴弹炮”了。

远射冠军——加农炮

jiā nóng pào shì gè zhǒng huǒ pào zhōng shè chéng zuì yuǎn de rén men chēng tā wéi yuǎn
加农炮是各种火炮中射程最远的，人们称它为“远
shè guàn jūn yīn wèi shè chéng yuǎn suǒ yǐ jiā nóng pào kě yǐ gōng jī hěn yuǎn chù de dí fāng
射冠军”。因为射程远，所以加农炮可以攻击很远处的敌方
mù biāo bǐ rú fēi jī tǎn kè děng yě kě yǐ yòng zuò àn pào duì hǎi shang mù biāo jìn xíng
目标，比如飞机、坦克等；也可以用作岸炮，对海上目标进行
hōng jī lìng wài jiā nóng pào de tǐ zhòng yě chāo guò tóng kǒu jìng de qí tā huǒ pào fā
轰击。另外，加农炮的“体重”也超过同口径的其他火炮，发
shè shí hòu zuò lì yě bǐ jiào dà
射时后坐力也比较大。

与榴弹炮的区别

hé liú dàn pào xiāng bǐ jiā nóng pào zuì dà de tè diǎn jiù shì shēn guǎn cháng zhòng liàng bǐ jiào dà
和榴弹炮相比，加农炮最大的特点就是身管长，重量比较大，
chū sù dà shè jiǎo jiào xiǎo néng shè hěn yuǎn de jù lí pào dàn bèi fā shè chū qù yǐ hòu zài kōng
初速大，射角较小，能射很远的距离。炮弹被发射出去以后，在空
zhōng fēi xíng de gāo dù hěn dī sù dù fēi cháng kuài ér liú dàn pào zhèng hǎo xiāng fǎn
中飞行的高度很低，速度非常快。而榴弹炮正好相反。
yóu yú jiā nóng pào de shè jī sǐ jiǎo jiào dà suǒ yǐ cháng cháng yǔ liú dàn
由于加农炮的射击死角较大，所以常常与榴弹
pào pèi hé shǐ yòng yǒu xiē guó jiā de zì xíng jiā nóng pào pào
炮配合使用。有些国家的自行加农炮，炮
guǎn bǐ liú dàn pào de pào guǎn yào cháng de duō
管比榴弹炮的炮管要长得多，
shè jī shí gāo gāo sǒng lì
射击时高高耸立，
shí fēn zhuàng guān
十分壮观。

轮式加农炮

不断发展的加农炮

加农炮是一种身管较长、弹道平直、低伸的野战炮，它最早于14世纪出现并应用于战争中。16世纪时，人们把这种身管较长的炮称为加农炮。第二次世界大战前后，大口径、远射程的加农炮得以迅速发展。现代加农炮的身管更长、射程更远，能配用更多种的炮弹，射击目标更广泛。

远射冠军——加农炮

准备发射的加农炮

原子加农炮

1953年，美国研制出能发射原子炮弹的加农炮。它的爆炸威力巨大，其威力相当于广岛爆炸的原子弹的四分之一，这是世界上最早出现的原子炮。但这种炮的缺点是太笨重。苏联后来也研制出了类似的原子加农炮。

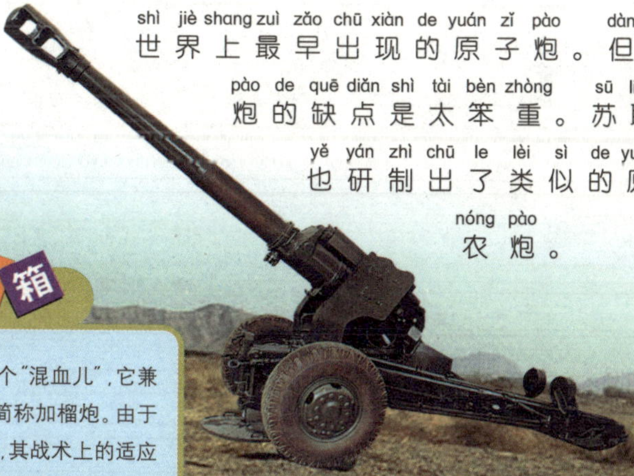

知识集装箱

加农榴弹炮 加农榴弹炮是个"混血儿"，它兼有加农炮和榴弹炮的弹道特性，简称加榴炮。由于加榴炮具有平射和曲射两种性能，其战术上的适应性明显优于其他火炮。它的产生受到了各国军队的重视，成为炮兵部队的重要装备。

凶猛绝伦的火箭炮

火箭炮是一种火力特别猛烈的火炮，它“身材”短小，炮管壁也很薄。它没有后坐力，使用起来简单轻便。现代火箭炮大多把多个炮管放在一起，它发射的火箭弹像火山喷出的岩浆，铺天盖地般地倾泻到敌人的战场上，能给敌人极大的震慑。

凶猛绝伦的火箭炮

火箭炮的雏形

中国在16世纪末发明了一种叫“一窝蜂”的火箭发射装置，它是在木制的桶状发射器里，安放32支绑有火药筒的火箭，火药筒由总药线连在一起。作战时，将它埋在地下，点燃总药线，箭矢就会像一群毒蜂一样同时飞向敌人，产生很大的杀伤力。这种火箭发射装置就是现代火箭炮的雏形。

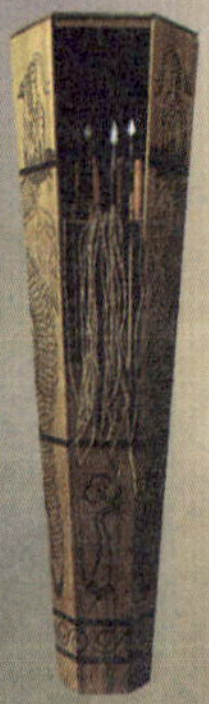

“一窝蜂”模型。古代的“一窝蜂”就是现代火箭炮的雏形。

知识集装箱

“无情钢雨”——美国 M270 火箭炮 美国 M270 火箭炮有 12 个炮管，可以在空中 760 米高处撒出 7728 颗炮弹，覆盖面积相当于 6 个足球场，摧毁各种武器装备，杀伤暴露的和隐藏的人员，就像空中落下的“钢雨”。

现代火箭炮的诞生

世界上第一种现代火箭炮出现在1941年夏天的莫斯科保卫战中。当时苏军用新研制出的火炮发射的火箭弹像暴雨一样，倾泻在德军的阵地上，使德军伤亡惨重。前线的苏军战士不知道这种火炮叫什么名字，只是看到炮车上都印有“K”字，于是就以俄罗斯民间传说中一个能歌善舞的美丽姑娘的名字为之命名，亲切地称它为“卡秋莎”。现代火箭炮由此诞生。

俄罗斯 BM-13 式火箭炮

火箭炮的特点

火箭炮的威力特别大，它能在很短的时间里，向一个地方集中发射炮弹，如果敌方的士兵或者坦克都集中在一起，这时火箭炮就会发挥独特的优势，对敌人进行集中的袭击。另外，火箭炮不但能连续射击，而且能够很灵活地转移阵地，使用起来特别灵活。

坦克上的主要武器——坦克炮

坦克炮是坦克的主要武器。

坦克炮是什么炮呢？它是指安装在坦克上的火炮，是坦克的主要武器。炮管内壁可以是光滑的，也可以是有膛线的。坦克炮具有威力大、射速快、命中率高的特点。因为坦克在战场上时，四面八方都有危险，所以坦克炮可以随着坦克上的装甲炮塔进行360度的回转，这样就可以获得最大限度的防护。

坦克炮的出现和发展

坦克炮是由小口径地面炮演变而来的，世界上第一门坦克炮诞生在1916年的英国，一直到20世纪60年代，坦克炮都是滑膛炮，后来才出现射程和精度更好的有膛线的线膛坦克炮。

线膛坦克炮

坦克炮如果是线膛炮，就适合发射大威力的脱壳穿甲弹。用线膛炮发射炮弹时，弹丸在空中可以快速地旋转，这样就能保证弹丸很稳定地飞行，射击的精度也就提高了。不过，线膛炮有一点不好，就是膛线容易被烧蚀，这样对炮弹就有了阻力，会影响炮弹出膛的速度，对炮管的磨损也较大。

美国 M1A2 主战坦克

滑膛坦克炮

坦克炮如果是滑膛炮，这样的炮制作起来比较简单，而且寿命长，阻力小，炮弹初速大，可以通过在炮弹尾部装上尾翼来实现飞行的稳定。因此，现在大多数国家的坦克炮都采用滑膛炮。

苏联制 T-62 中型坦克火炮

未来的坦克炮

坦克炮在朝着大口径方向发展，给坦克装弹也会实现完全自动化，以便提高发炮的速度，同时也能增强火炮的威力。未来坦克炮发射的炮弹有可能采用一种高速的动能子弹，这种子弹在对付复合装甲时特别有效，同时也可以对付远距离的飞机。

穿钢破甲的反坦克炮

反坦克炮是用来打击坦克和其他装甲目标的火炮，具有弹道低伸、初速高、发射速度快的特点。除了用于毁伤敌方坦克和其他装甲目标，还可用于破坏野战工事，歼灭敌人的士兵，压制敌人的火力。

反坦克炮的由来

反坦克炮是在坦克与反坦克的斗争中诞生的。1916年英国军队在战场上首次使用坦克，当时德军没有专门对付坦克的反坦克炮，只好使用喷火器或集束手榴弹、甚至野战火炮来对付坦克。不久在欧洲国家出现了专门对付坦克的反坦克炮，随着坦克装甲厚度的增加，反坦克炮的威力也在不断提高。

反坦克炮的威力

两次世界大战中的德国75毫米反坦克炮

第二次世界大战后，一些国家下大力气研制新型的反坦克炮。有的国家差不多10年就更新换代一次。苏联的一种反坦克炮，威力很大，能在近2000米的直线距离内击毁各种坦克和装甲车辆。它能发射穿甲弹和破甲弹等破坏力极强的炮弹，成为名副其实的坦克克星。

自行反坦克炮

自行反坦克炮是一种比较先进的反坦克炮。它长得很像坦克，虽然也有装甲防护，但是，它的防护能力、火控和稳定系统比不上主战坦克，经常需要停下来才能射击。为了能更准确地击中目标，同时让它具有夜间作战能力，现代自行反坦克炮配备了激光测距仪等设备，这样就使反坦克炮更加先进了。

自行反坦克炮是一种有效的反坦克武器。

反坦克炮是在坦克与反坦克斗争中诞生的。

反坦克炮的未来

为了对付越来越厚的装甲，反坦克炮正朝着大口径的方向发展，口径越大，就越能发射大口径、大威力的炮弹，这样才能把厚厚的装甲击碎。另外，世界各国正大力发展靠轮子前进的自行反坦克炮，这样就可以在紧急的情况下做出快速反应。

坦克的老对手——无坐力炮

意大利80毫米无坐力炮

火炮在发射时，一般都会产生后坐力。无坐力炮很不一般，它的炮身不后坐，这都是因为它在发射时，利用炮尾产生的力量来抵消了后坐力。无坐力炮是坦克的老对手，它发射的破甲弹能够在瞬间摧毁坦克及其他装甲车辆，威力大得惊人。

日本的无坐力炮

无坐力炮的起源

无坐力炮的产生源于15世纪意大利著名的艺术家、科学家达·芬奇提出的“双头炮”设想，即将一门火炮的炮尾顶着另一门火炮的炮尾，向相反的方向同时射击，两门炮产生的后坐力可以相互抵消。根据这个原理，1914年，美国海军少校戴维斯发明了世界上第一门可供使用的无坐力炮。

被击中的坦克

美国M40式106毫米无坐力炮

现代无坐力炮的特点

现代无坐力炮的重量轻，便于携带和机动。它的体积较小，适应能力强，操作起来灵活简便，适合在山地和复杂地形使用，可以直接成为步兵的得力助手。它能发射破甲弹和碎甲弹，还能发射火箭弹，是打击坦克和装甲车的“高手”。

美国M20式75毫米无坐力炮

装在装甲车上的无坐力炮

便携式无坐力炮

便携式无坐力炮“个头”小、“体重”轻、操作方便，由一个士兵扛在肩上就能够进行发射。它的机动性好，能近距离打击敌人的坦克和装甲目标。二战中，德国研制的一种无坐力炮被称为“铁拳”式无坐力发射器。它是步兵最早使用的无坐力炮，德军在装备了这种火炮以后，给英美盟军造成了很大的损失。

自行式无坐力炮

自行式无坐力炮安装在坦克或装甲车上，机动性强，能在山地和复杂地形使用。由于有装甲“外衣”的保护，它的防护性能非常好，可以在很好地保护自己的同时，有效地攻击敌方目标。

美国M50“昂图斯”106毫米6管自行无坐力炮

曲射冠军——迫击炮

迫击炮是在20世纪初日俄战争的战火中诞生的，它是火炮家族中的一个身材较小的成员。迫击炮被称为“曲射冠军”，它的射击角度特别大，这使得炮弹飞行的路线十分弯曲。所以，迫击炮发射的炮弹可以翻山越岭打击躲在小山等遮蔽物后面的目标。

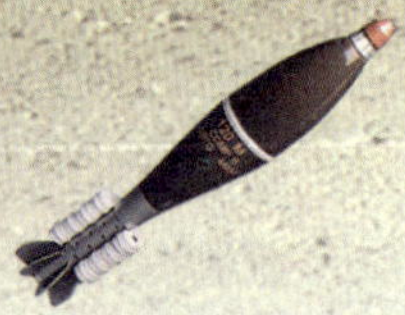

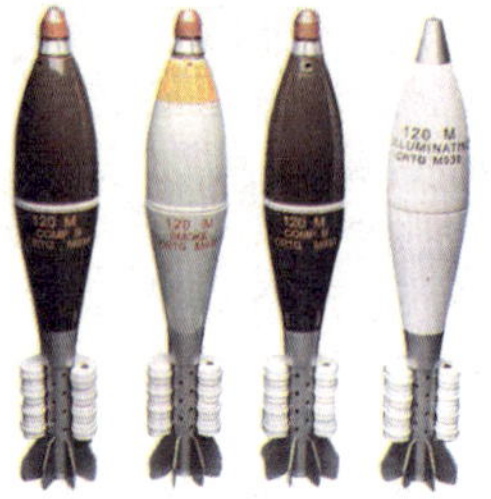

迫击炮弹

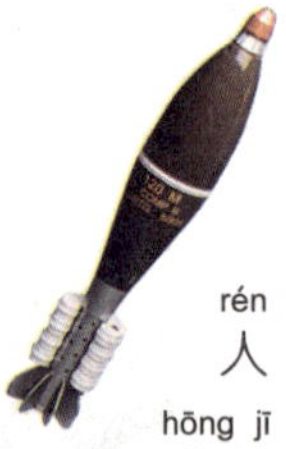

现代迫击炮的始祖

现代迫击炮的始祖是1342年出现的一种管形火器。当时，阿拉伯人为了守住一个城池，在城墙上支起一根根短铁筒，每根铁筒套在一根粗实的木棍上。铁筒里都装入黑火药和一个黑铁球。敌人攻来时，就点燃火药，将黑铁球发射出去，轰击敌人。这种管形火器就是现代迫击炮的始祖。

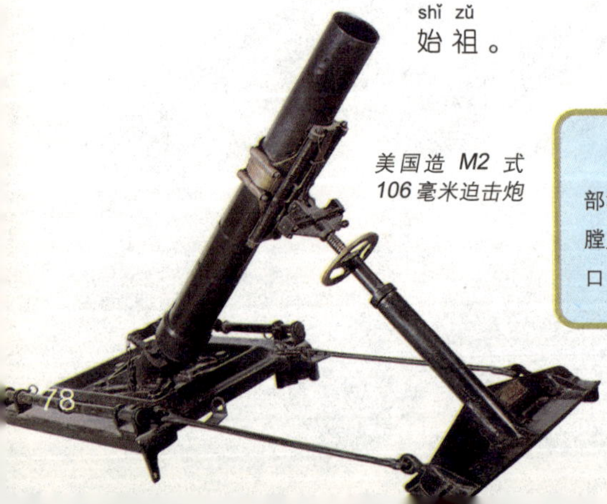

美国造 M2 式 106毫米迫击炮

知识集装箱

能“隐形”的迫击炮 “隐形”迫击炮的独特之处是炮弹的后部增加了一个活动的空心圆筒。当炮弹发射出去后，圆筒把炮膛产生的热量紧紧封闭在圆筒里，因此就没有火光和烟雾从炮口“跑”出来，射击时的响声也减少了，不容易被敌人发觉。

迫击炮的特点

迫击炮除了弹道弯曲、可以射击山后目标的特点以外，它装弹特别容易，射击速度也很快。迫击炮的炮体重量轻，体积小，机动灵活，可以用人背或者用马驮，打了就跑，能够迅速转移阵地。迫击炮的结构简单，所以操作起来很方便。这样简单的火炮也适于大批量地生产。

迫击炮发射瞬间

多管迫击炮

多管迫击炮能同时发射多发迫击炮弹，这是因为它把多个炮管放在一起，可同时进行发射。多管迫击炮的炮管上面被固定住，放在一辆军用汽车的后车厢上。它的特点是机动灵活，威力巨大。

多管迫击炮

第四章

坦克 装甲集群

坦克被称为“陆战之王”，它刚被研制出来的时候，可是一个又大又重的“怪物”，横冲直撞，给敌人很大的冲击。现代的坦克已经变得美观多了，不过，它还是一个钢甲护身的勇猛“战士”。它的种类也很多，从中型坦克、重型坦克到更先进的主战坦克，再到水陆坦克、喷火坦克这样的特种坦克，类别和功能也越来越齐全。在装甲集群中，被称为步兵之翼的装甲战车也是其中的重要一员，它在战争中可是坦克的一流搭档、步兵的得力助手。当你融入到坦克装甲集群中，你就能体会到坦克在战场上，勇往直前的无限威力，令你产生无所畏惧的强大力量。

陆战之王——坦克

tǎn kè shì yī zhǒng yǒu zhe cháng cháng de dà bí zi huǒ pào néng
坦克是一种有着长长的大“鼻子”火炮，能
yòng lǚ dài xíng zǒu de zhuāng jiǎ zhàn dòu chē liàng jí huǒ lì bǎo hù xìng hé
用履带行走的装甲战斗车辆，集火力、保护性和
jī dòng xìng yú yī shēn zài zhàn chǎng shang yóu qí shì èr zhàn zhōng
机动性于一身，在战场上，尤其是二战中
chū jìn le fēng tou èr zhàn yǐ hòu de duō cì zhàn zhēng
出尽了风头。二战以后的多次战争
yě tóng yàng yǐ tǎn kè wéi lù zhàn zhǔ jué tǎn
也同样以坦克为陆战主角，坦
kè bù kuì yǒu lù zhàn zhī
克不愧有“陆战之
wáng de měi yù
王”的美誉。

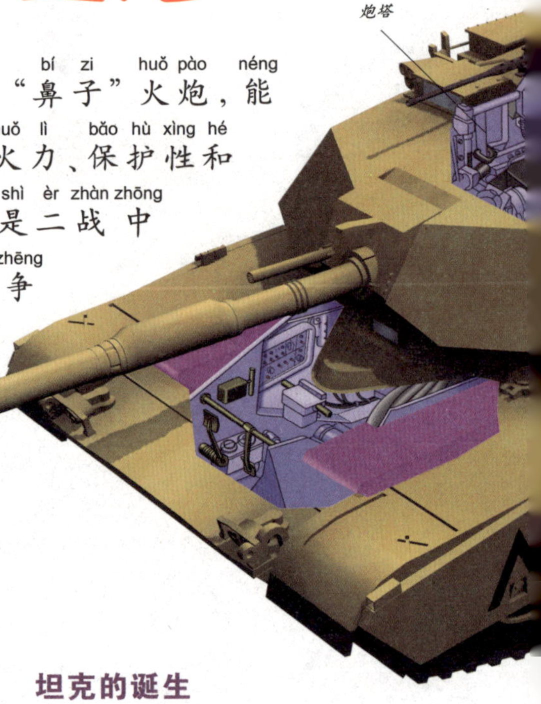

知识集装箱

坦克兵在坦克里怎么看路？ 坦克在打仗的时候，窗盖都要关得紧紧的。里面的人执行战斗任务，全要靠潜望镜。潜望镜可以旋转观看四方，还能像望远镜一样，把物体放大。炮手还有专门的瞄准镜，所以炮打得特别准。在夜间不能开灯的情况下，坦克上面装有一种夜视仪，能在黑暗里看清目标。

坦克里装有潜望镜，用来看清目标。

坦克的诞生

yī zhàn zhōng yīng guó wèi shǐ shì bīng miǎn
一战中，英国为使士兵免
shòu zhòng dà shāng wáng kāi shǐ yán zhì yī zhǒng
受重大伤亡，开始研制一种
dài zhuāng jiǎ de zhàn chē nián shì jiè
带装甲的战车。1915年，世界
shang dì yī pī gāng tiě zhàn chē zhōng yú dàn
上第一批钢铁战车终于诞
shēng le tā de mú yàng hěn xiàng xī yà jū mín de yùn shuǐ
生了，它的模样很像西亚居民的运水
chē wèi le bǎo mì yīng guó jūn fāng zài yùn sòng tā men de
车。为了保密，英国军方在运送它们的
mù xiāng shang xiě shàng le shuǐ guì de zì yàng shuǐ
木箱上写上了“水柜”的字样。“水
guì de yīng wén dú zuò tǎn kè yú shì rén
柜”的英文读作“坦克”(TANK)，于是人
men jiù bǎ zhè zhǒng xīn shì zhàn chē chēng wéi tǎn kè
们就把这种新式战车称为“坦克”。

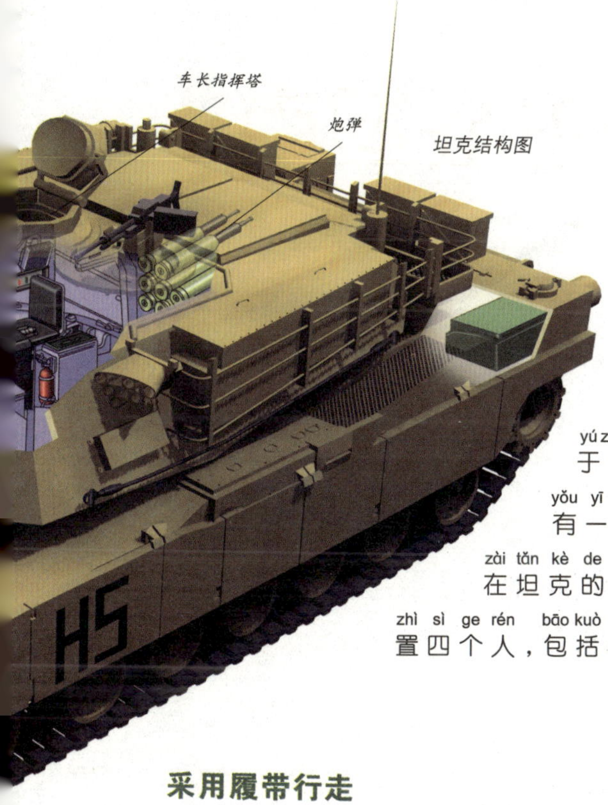

坦克结构图

坦克和它使用的炮弹

打开坦克瞧一瞧

tǎn kè shì yī jià fù zá de zhàn dòu jī qì
坦克是一架复杂的战斗机器。
tā de jià shǐ shì wèi yú qián bù zhàn dòu bù fen wèi
它的驾驶室位于前部，战斗部分位
yú zhōng bù pào tǎ jiù zài zhè lǐ pào tǎ shang zhuāng
于中部，炮塔就在这里。炮塔上装
yǒu yī mén huǒ pào bìng qiě ān zhuāng yǒu gāo shè jī qiāng
有一门火炮，并且安装有高射机枪。
zài tǎn kè de hòu bù zhuāng yǒu fā dòng jī tǎn kè li yī bān pèi
在坦克的后部装有发动机。坦克里一般配
zhì sì ge rén bāo kuò jià shǐ yuán chē zhǎng pào shǒu hé zhuāng dàn shǒu
置四个人，包括驾驶员、车长、炮手和装弹手。

采用履带行走

tǎn kè shì cǎi yòng lǚ dài xíng zǒu de wèi shén me
坦克是采用履带行走的。为什么
bù yòng chē lún ne zhè shì yīn wèi tǎn kè hěn
不用车轮呢？这是因为坦克很
zhòng rú guǒ gǎi yòng chē lún nà me chē lún yǔ
重，如果改用车轮，那么车轮与
dì miàn de jiē chù miàn jī jiù huì hěn xiǎo kāi
地面的接触面积就会很小，开
zài tián yě li hěn róng yì xiàn jìn qù tǎn
在田野里很容易陷进去；坦
kè ān shàng lǚ dài lún zi zài lǚ dài lǐ
克安上履带，轮子在履带里
miàn gǔn dòng yù dào shā dì xuě dì hé
面滚动，遇到沙地、雪地和
ní dì kuān kuān de lǚ dài bǎ tǎn kè de
泥地，宽宽的履带把坦克的
zhòng liàng fēn sàn le chē lún jiù xiàng zǒu
重量分散了，车轮就像走
zài lù shang yī yàng fāng biàn
在路上一样方便。

坦克靠履带行走。

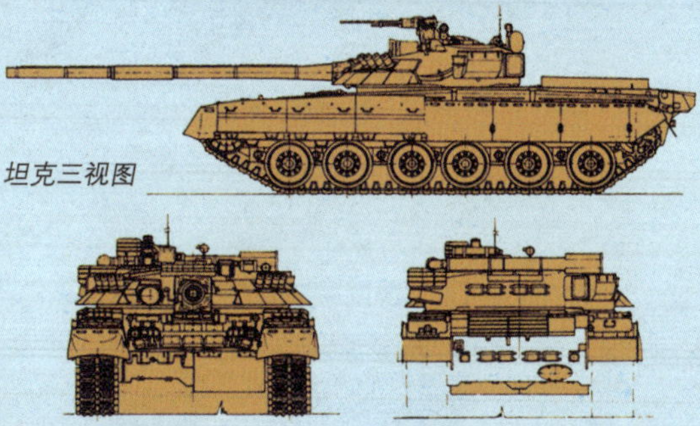
坦克三视图

火力最强的主战坦克

主战坦克是坦克家族的主角。它的“个头”在坦克里居中，但它的火力和防护能力却最为出色。主战坦克一般装有火炮，配用的炮弹有穿甲弹、碎甲弹和反坦克导弹等。同时它的机动性能也比早期的坦克有了很大的提高。

德国“豹”式主战坦克

主战坦克的诞生

坦克诞生以后，相继出现的中型坦克、重型坦克都发挥了巨大的威力。20世纪60年代，出现了一种新型坦克，这种坦克具有综合的防护能力和火力，同时又克服了重型坦克笨重的特点。这种坦克就是新一代坦克——主战坦克。

主战坦克都有三防能力。

主战坦克的结构

主战坦克延续了传统坦克的特点，大体上还是驾驶室在前、战斗室居中、动力－传动装置位于后部。与普通坦克不同，部分主战坦克安装了自动装弹机，这样就减少了装弹手。现代主战坦克向上下左右各个方向的角度都很大，这样就扩大了射击的范围。

主战坦克的“护身符”

主战坦克的防弹能力很强。

主战坦克能被人们看好，除了因为有很强的攻击能力外，很大程度上还要归功于它有极强的防护能力。一般主战坦克都在车体两侧装有屏蔽性很强的装甲外壳，这就大大提高了防弹能力。有的主战坦克还采用特殊的设计，从而达到隐身的效果。这些超强的防护能力，都可以被看做是主战坦克的“护身符”。

知识集装箱

坦克之王——美国 M1A1 坦克 美国 M1A1 坦克被称为“坦克之王”。这种坦克几乎集所有先进技术于一身，尤其是它强大的功率配置，使它能够迅速地转移阵地，在遇到障碍时能够迅速撤出。坦克内还安装了防毒设备，使得坦克内部成了一个不受毒气侵袭的安全空间。另外，坦克的两层装甲中间夹有一层贫铀材料，使它的防护能力比普通坦克提高了五倍。

两栖作战的水陆坦克

两栖作战的水陆坦克

shuǐ lù tǎn kè shì jì néng zài lù dì shang xíng
水陆坦克是既能在陆地上行
shǐ yòu kě zài shuǐ zhōng qián xíng zuò zhàn de tǎn kè
驶，又可在水中前行、作战的坦克。
tā ān zhuāng yǒu yī zhǒng tè shū de zhuāng zhì zhè zhǒng
它安装有一种特殊的装置，这种
zhuāng zhì kě yǐ tuī dòng tǎn kè zài shuǐ zhōng qián jìn
装置可以推动坦克在水中前进。
shuǐ lù tǎn kè jì kě yǐ zài lù dì shang yě kě yǐ
水陆坦克既可以在陆地上，也可以
zài shuǐ zhōng zuò zhàn shì liǎng qī zuò zhàn de néng shǒu
在水中作战，是两栖作战的能手。

水陆坦克的发展

yī zhàn hòu yīng guó rén zhì chéng le shì jiè shang dì yī liàng shuǐ lù tǎn kè tā de shuǐ shàng sù dù kě yǐ
一战后，英国人制成了世界上第一辆水陆坦克，它的水上速度可以
dá dào měi xiǎo shí qiān mǐ hòu lái shì jiè gè guó dōu xiān hòu zài yán zhì shuǐ lù tǎn kè shang jìn xíng le cháng
达到每小时2.4千米。后来，世界各国都先后在研制水陆坦克上进行了尝
shì qí zhōng zuì chéng gōng de shì sū lián de shuǐ lù tǎn kè wài xíng yǐ yǔ xiàn dài shuǐ lù tǎn kè hěn xiāng
试，其中最成功的是苏联的T-37水陆坦克，外形已与现代水陆坦克很相
sì zài èr zhàn shí qī de nuò màn dǐ dēng lù zhàn yì zhōng shuǐ lù
似。在二战时期的诺曼底登陆战役中，水陆
tǎn kè fā huī le zhòng yào zuò yòng èr zhàn hòu shuǐ lù tǎn kè
坦克发挥了重要作用。二战后，水陆坦克
de shuǐ shang sù dù kě dá měi xiǎo shí qiān mǐ
的水上速度可达每小时10千米。

早期的水陆坦克

实战中的水陆坦克

水陆坦克的特点

水陆坦克属于特种坦克，它有较强的火力，机动性也相当好，可以不经准备、随时随地地克服水的障碍。更重要的是，水陆坦克在水中也可以发射炮弹。不过，要保证水陆坦克能在水中前进，一般水陆坦克的装甲只有15~20毫米厚，只能防止轻武器和轻型炮弹的攻击。

怎样浮起来

我们知道坦克很重，要想在水中浮起来，必须有足够的浮力把它顶起来。水陆坦克在“身体”轮廓的设计上，尽量保证能够获得足够的浮力。另外，水陆坦克还装备了足够的浮力储备，这种浮力储备一般占坦克重量的20%~30%。有了浮力储备以后，坦克才能在风浪中自由前行。

知识集装箱

前进的方式 水陆坦克都装有水上推进装置，主要有螺旋桨式、履带划水式和喷水式三种。其中，履带式的速度较慢，只能达到每小时 5 ~ 7 千米；螺旋桨式则可达到每小时 7 ~ 12 千米；喷水式则可达到每小时 9 ~ 13 千米，是目前在水陆坦克上用得较多的一种。

往外冒火的喷火坦克

pēn huǒ tǎn kè shì yī zhǒng zhuāng yǒu pēn huǒ zhuāng zhì
喷火坦克是一种装有喷火装置
de tè shū tǎn kè tā kě yǐ zài jìn jù lí nèi pēn shè huǒ yàn
的特殊坦克，它可以在近距离内喷射火焰，
shā shāng dí jūn shì bīng huò zhě pò huài dí fāng de jūn yòng shè shī
杀伤敌军士兵或者破坏敌方的军用设施。
yǒu xiē pēn huǒ tǎn kè yǐ pēn huǒ qì wéi zhǔ yào wǔ qì yǒu xiē
有些喷火坦克以喷火器为主要武器；有些
yǐ pēn huǒ qì wéi fǔ zhù wǔ qì yǒu de zé cǎi yòng zhuān mén
以喷火器为辅助武器；有的则采用专门
de pēn huǒ qì tǎ bì yào shí kě xiè xià pēn huǒ qì tǎ huàn
的喷火器塔，必要时可卸下喷火器塔，换
zhuāng shàng yuán yǒu de tǎn kè pào tǎ
装上原有的坦克炮塔。

美军在太平洋战役中曾大规模使用喷火坦克。

首次亮相

nián yì dà lì fǎ xī sī zhèng fǔ fā dòng le rù
1935年，意大利法西斯政府发动了入
qīn āi sài é bǐ yà de zhàn zhēng dāng āi sài é bǐ yà rén
侵埃塞俄比亚的战争。当埃塞俄比亚人
mín fèn qǐ fǎn kàng shí yì dà lì jūn duì tū rán shǐ yòng le
民奋起反抗时，意大利军队突然使用了
yī zhǒng huì pēn huǒ de tǎn kè zào chéng qǐ yì jūn dà liàng
一种会喷火的坦克，造成起义军大量
shāng wáng zhè jiù shì pēn huǒ tǎn kè de shǒu cì liàng xiàng
伤亡。这就是喷火坦克的首次亮相。

喷火坦克可以给敌方军用设施造成巨大破坏。

喷火的奥秘

喷火坦克能够喷火的奥秘都在它的特殊装置——喷火器上。喷火器一般位于炮塔并列机枪的位置，可以随炮塔一起转动。使用时，只要按一下发射按钮，就可以将油料从喷嘴喷出，当油料遇到导火管的火苗，就可以形成温度在800℃～1100℃之间的火焰。

用“丘吉尔”坦克改造的英国喷火坦克

喷火坦克的威力

喷火坦克一旦驰骋战场，不但可以射出炮弹，还可以喷出一股股燃烧猛烈、冒着黑烟的胶状油柱，就好像一条火龙从炮口飞出，向敌军阵地飞去，让敌人难以阻挡。

知识集装箱

战场火神——TO-55 喷火坦克 TO-55 喷火坦克是苏联研制的喷火坦克，它携带一定量的油料，喷火速度为每秒 100 米，可以喷到 200 米远的地方。它能在敌人的前沿阵地造成火海，从而有效杀伤敌人的有生力量，摧毁敌人的碉堡，破坏敌方的军用设备，为进攻开辟道路，堪称“战场火神”。

加拿大造喷火坦克

步兵之翼——装甲战车

伊拉克战争中的美军轮式步兵战车

装甲战车都穿着厚厚的“外衣”——装甲，可以用来运送士兵，也可以保障战斗顺利进行。我们知道的步兵战车、装甲侦察车、装甲人员运输车、装甲工程车、装甲指挥车等都是装甲战车家族的成员。在现代战争中，装甲战车已经成为陆军地面作战的主要装备，它也是战争中后勤补给的重要保障。

步兵战车

步兵战车有履带式和轮式两种。履带式步兵战车可以越过壕沟，也可以像船一样在水里行进。轮式步兵战车在公路上行驶的速度很快，具有很好的机动性。

装甲侦察车

zhuāng jiǎ zhēn chá chē tǐ jī xiǎo zhòng liàng qīng kě yǐ shuǐ lù liǎng yòng tā zhuāng bèi yǒu xǔ duō xiān jìn de zhēn chá shè bèi zhòu yè dōu kě yǐ duì dí rén jìn xíng zhēn chá lái huò qǔ qíng bào suǒ yǐ rén men chēng tā wéi liú dòng qíng bào zhàn

装甲侦察车体积小、重量轻，可以水陆两用。它装备有许多先进的侦察设备，昼夜都可以对敌人进行侦察来获取情报，所以人们称它为“流动情报站”。

装甲侦察车

装甲人员运输车

装甲人员运输车

zhuāng jiǎ yùn shū chē zhǔ yào yòng yú shū sòng bīng yuán yě kě yòng yú zhàn dòu yǒu lǚ dài shì hé lún shì liǎng zhǒng chē hòu bù shì yī ge xiàng fáng jiān yī yàng de chéng zài shì bù bīng jiù zuò zài lǐ miàn zhuāng jiǎ rén yuán yùn shū chē yī bān néng chéng rén

装甲运输车主要用于输送兵员，也可用于战斗，有履带式和轮式两种。车后部是一个像房间一样的乘载室，步兵就坐在里面。装甲人员运输车一般能乘8～13人。

知识集装箱

步兵战车为什么能在水中漂浮？ 步兵战车能够涉水，前提条件是它必须能在水上漂浮起来。步兵战车专门设置了浮箱，浮箱内填充特制的塑料，即使中弹也不会进水。有了浮箱，步兵战车就能像船一样漂浮在水中了。

装甲工程车

zhuāng jiǎ gōng chéng chē shì yī zhǒng qǐ bǎo zhàng zuò yòng de chē liàng tā bù néng jìn xíng zhàn dòu zài
装甲工程车是一种起保障作用的车辆，它不能进行战斗。在
zhuāng jiǎ gōng chéng chē qián miàn ān zhuāng yǒu tuī tǔ chǎn kě yǐ tián píng dí fāng shè zhì de fǎn tǎn kè háo gōu
装甲工程车前面，安装有推土铲，可以填平敌方设置的反坦克壕沟。
lìng wài tā hái kě yǐ fā shè bào pò dàn bǎ qián miàn dǎng lù de zhàng ài wù qīng chú diào zài zhuāng jiǎ gōng
另外，它还可以发射爆破弹，把前面挡路的障碍物清除掉。在装甲工
chéng chē de pào tǎ shang hái zhuāng yǒu tè zhì de huǒ
程车的炮塔上还装有特制的火
pào néng gòu pò huài dí rén de fáng yù gōng shì
炮，能够破坏敌人的防御工事。

装甲工程车

装甲架桥车

装甲架桥车

zhuāng jiǎ jià qiáo chē yě jiào jià qiáo tǎn kè tā shì zài tǎn kè huò
装甲架桥车也叫架桥坦克，它是在坦克或
zhě zhuāng jiǎ chē liàng de dǐ pán shang ān zhuāng le tè shū de jià
者装甲车辆的底盘上安装了特殊的架
qiáo hé shōu qiáo zhuāng zhì yī zhǒng zhuāng jiǎ jià qiáo chē
桥和收桥装置。一种装甲架桥车
shì zhé dié shì de gōng zuò shí bǎ zhé dié de qiáo tǐ fān
是折叠式的，工作时把折叠的桥体翻
zhé guò qù jiù biàn chéng qiáo lìng yī zhǒng shì píng tuī
折过去，就变成桥；另一种是平推
shì de tā bù xū yào zhé dié shǐ yòng shí zhí jiē
式的，它不需要折叠，使用时，直接
bǎ qiáo tǐ píng tuī chū qù jiù biàn chéng qiáo
把桥体平推出去，就变成桥
le xiāng duì gèng yǐn bì yī xiē
了，相对更隐蔽一些。

装甲救护车

装甲救护车

zhuāng jiǎ jiù hù chē shì zhuān mén yòng
装甲救护车是专门用
yú jiù hù hé qiǎng jiù de zhuāng jiǎ chē liàng zài
于救护和抢救的装甲车辆，在
tā shàng miàn shè yǒu dān jià yī liáo shè bèi yī liáo qì cái hé yào
它上面设有担架、医疗设备、医疗器材和药
pǐn jì yǒu lǚ dài shì de yě yǒu lún shì de tā yī bān yǒu chéng yuán rén kě yǐ róng nà tǎng zài
品，既有履带式的，也有轮式的。它一般有乘员2～3人，可以容纳躺在
dān jià shang de zhòng shāng yuán rén huò zhě róng nà zuò zhe de qīng shāng yuán rén zài chē li
担架上的重伤员2～4人，或者容纳坐着的轻伤员3～8人。在车里，
kě yǐ jìn xíng bāo zā shū xuè hé shū yè děng jǐn jí yī liáo chǔ lǐ
可以进行包扎、输血和输液等紧急医疗处理。

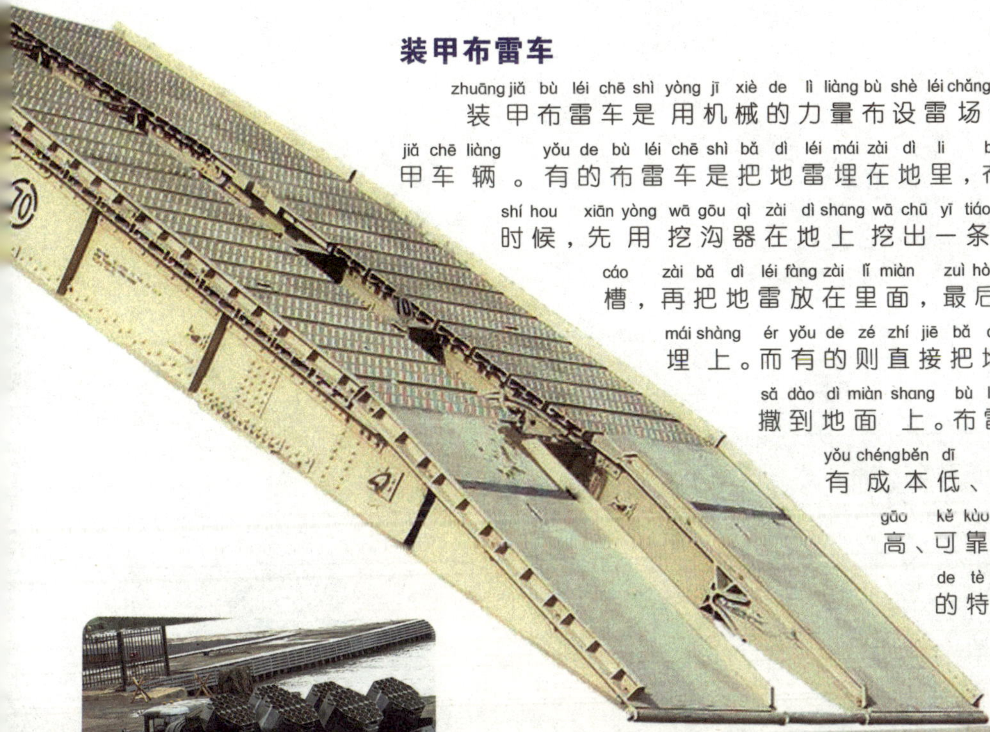

装甲布雷车

zhuāng jiǎ bù léi chē shì yòng jī xiè de lì liàng bù shè léi chǎng de zhuāng
装甲布雷车是用机械的力量布设雷场的装
jiǎ chē liàng yǒu de bù léi chē shì bǎ dì léi mái zài dì li bù léi de
甲车辆。有的布雷车是把地雷埋在地里，布雷的
shí hou xiān yòng wā gōu qì zài dì shang wā chū yī tiáo qiǎn gōu
时候，先用挖沟器在地上挖出一条浅沟
cáo zài bǎ dì léi fàng zài lǐ miàn zuì hòu yòng tǔ
槽，再把地雷放在里面，最后用土
mái shàng ér yǒu de zé zhí jiē bǎ dì léi pāo
埋上。而有的则直接把地雷抛
sǎ dào dì miàn shang bù léi chē jù
撒到地面上。布雷车具
yǒu chéng běn dī xìng néng
有成本低、性能
gāo kě kào xìng qiáng
高、可靠性强
de tè diǎn
的特点。

装甲布雷车

81

第五章

海军舰艇编队

cóng gǔ dào jīn rénmen bù zhǐ zài lù dì shang dǎ zhàng zài hěn duō shí hou rén
从古到今，人们不只在陆地上打仗，在很多时候，人
men bǎ zhàn zhēng nuó dào le dà hǎi shang yào dǎ hǎi zhàn zì rán lí bù kāi jiàn tǐng
们把战争挪到了大海上。要打海战，自然离不开舰艇
le wèi le gèng yǒu zhàn dòu lì yě wèi le gèng yǒu xiào de bǎo hù běn fāng de shí lì
了，为了更有战斗力，也为了更有效地保护本方的实力，
gè guó hǎi jūn zài zuò zhàn shi cháng bǎ jiàn tǐng biān chéng yī dìng de duì xíng cóng ér xíng
各国海军在作战时，常把舰艇编成一定的队形，从而形
chéng le jí tuán yōu shì jiàn tǐng yǒu dà yǒu xiǎo běn shì yě gè bù xiāng tóng zuì dà de
成了集团优势。舰艇有大有小，本事也各不相同，最大的
jiàn tǐng háng kōng mǔ jiàn bèi chēng wéi hǎi shang bà zhǔ zhōng děng de zhàn liè
舰艇——航空母舰被称为“海上霸主”，中等的战列
jiàn bèi chēng wéi hǎi shang xiāo xióng ér zài shuǐ xià chū mò de qián tǐng zé bèi chēng
舰被称为“海上枭雄”，而在水下出没的潜艇则被称
wéi hǎi shang yōu líng zhè xiē jiàn tǐng kě wèi gè jù tè sè gè xiǎn shén tōng
为“海上幽灵”……这些舰艇可谓各具特色，各显神通，
tā men zài gǔ jīn lì cì hǎi zhàn zhōng dōu lì xià le hàn mǎ gōng láo kān chēng hǎi zhàn
它们在古今历次海战中都立下了汗马功劳，堪称海战
de gōng chén shí zhì jīn rì hǎi miàn shang de jiàn tǐng biān duì réng jiù zài xiàn
的“功臣”。时至今日，海面上的舰艇编队仍旧在现
dài hǎi zhàn zhōng xù xiě zhe xīn de shén huà
代海战中续写着新的神话。

海军的必备武器——舰艇

护卫舰

jiàn tǐng shì hǎi jūn de bì bèi wǔ qì bù guǎn shì jìn gōng zuò zhàn hái shì jìn xíng qín
舰艇是海军的必备武器，不管是进攻作战，还是进行勤
wù bǎo zhàng hǎi jūn shì bīng dōu lí bù kāi jiàn tǐng de zhī chí jiàn tǐng néng zuò de shì tè bié
务保障，海军士兵都离不开舰艇的支持。舰艇能做的事特别
duō tā chú le néng yòng yú hǎi shang gōng jī bǎo hù hǎi shang jiāo tōng xiàn cān jiā dēng lù zuò
多，它除了能用于海上攻击，保护海上交通线，参加登陆作
zhàn yǐ wài hái néng gòu wán chéng hǎi shang yùn shū xiū lǐ jiù shēng děng gè zhǒng rèn wù
战以外，还能够完成海上运输、修理、救生等各种任务。

打开舰艇瞧一瞧

xiàn dài jiàn tǐng tōng cháng shì yóu chuán tǐ wǔ qì xì tǒng dòng lì zhuāng zhì dǎo háng shè bèi
现代舰艇通常是由船体、武器系统、动力装置、导航设备、
fáng hù shè bèi shēng huó hé gōng zuò cāng shì děng bù fen zǔ chéng de qí zhōng wǔ qì
防护设备、生活和工作舱室等部分组成的。其中，武器
xì tǒng bāo kuò gè zhǒng jiàn zài jī dǎo dàn yú léi shuǐ léi hé shēn shuǐ zhà dàn
系统包括各种舰载机、导弹、鱼雷、水雷和深水炸弹
děng jiàn tǐng dà dōu cǎi yòng zhēng qì zuò dòng lì yě yǒu yòng chái yóu jī
等。舰艇大都采用蒸汽作动力，也有用柴油机
huò yǐ hé fǎn yìng duī zuò dòng lì de
或以核反应堆作动力的。

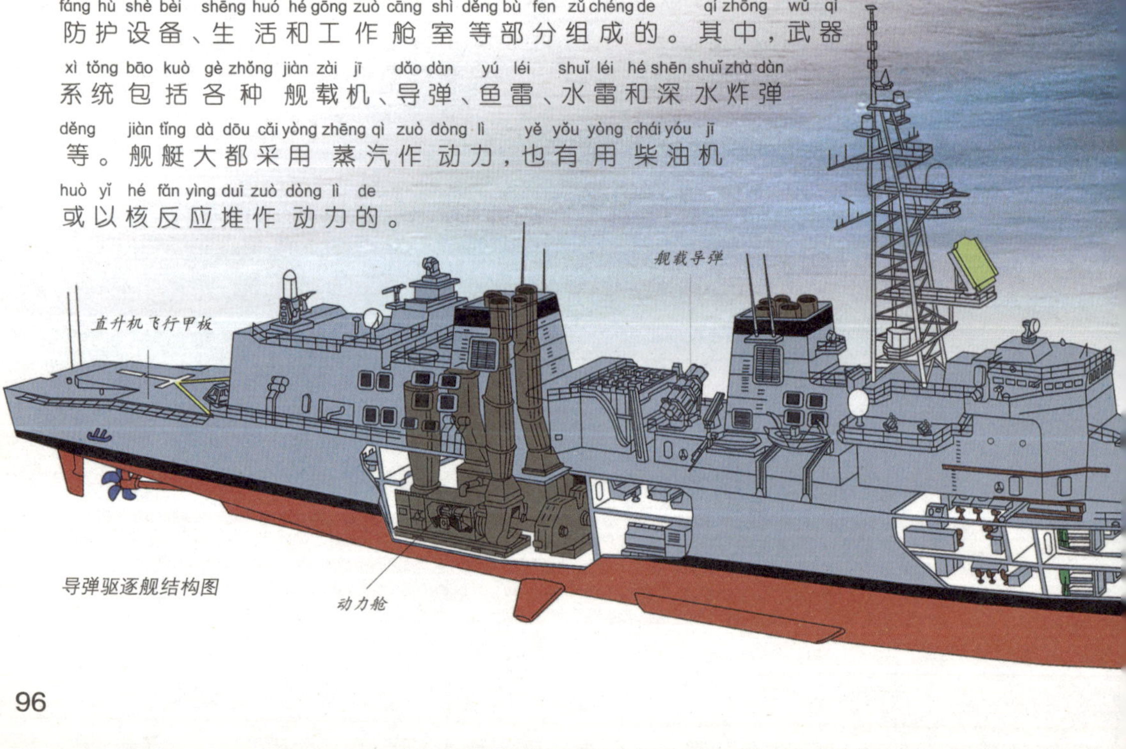

导弹驱逐舰结构图

舰艇的类别

tōng cháng qíng kuàng xià rén men àn zhào jiàn chuán de
通常情况下，人们按照舰船的
shǐ mìng hé rèn wù de bù tóng bǎ jiàn chuán fēn wéi zhàn
使命和任务的不同，把舰船分为战
dòu jiàn tǐng hé qín wù jiàn tǐng liǎng dà lèi zhàn dòu jiàn
斗舰艇和勤务舰艇两大类。战斗舰
tǐng jiù shì kě yǐ zhí jiē cān jiā zhàn dòu de nà yī lèi jiàn
艇就是可以直接参加战斗的那一类舰
tǐng bǐ rú qián tǐng háng kōng mǔ jiàn zhàn liè jiàn xún
艇，比如潜艇、航空母舰、战列舰、巡
yáng jiàn děng děng qín wù jiàn tǐng jiù shì nà xiē bù zhí jiē cān
洋舰等等；勤务舰艇就是那些不直接参
jiā zhàn dòu zhǐ qǐ dào fǔ zhù hé bǔ jǐ zuò yòng de jiàn chuán bǐ
加战斗，只起到辅助和补给作用的舰船，比
rú jiù shēng chuán gōng chéng chuán hǎi yáng diào chá chuán děng děng
如救生船、工程船、海洋调查船等等。

舰船是怎样命名的

gěi jiàn chuán mìng míng qí shí jiù shì yào què dìng jiàn tǐng de jiàn míng hé xián hào fēn bié shì shén me tōng
给舰船命名，其实就是要确定舰艇的舰名和舷号分别是什么。通
cháng qíng kuàng xià tóng yī zhǒng lèi de jiàn tǐng dōu yào qǐ tóng lèi de míng chēng bǐ rú cháng wěi shā hào hé
常情况下，同一种类的舰艇都要起同类的名称，比如“长尾鲨”号核
qián tǐng tā de míng chēng jiù shì yòng shā yú de míng zi mìng míng de xián hào shì xiě zài jiàn tǐng liǎng cè chuán
潜艇，它的名称就是用鲨鱼的名字命名的。舷号是写在舰艇两侧船
xián shuǐ xiàn yǐ shàng de biān hào shuǐ miàn jiàn tǐng tōng cháng biāo zài chuán tóu xiǎn zhù wèi
舷水线以上的编号。水面舰艇通常标在船头显著位
zhì ér qián tǐng zé biāo zài zhǐ huī shì wéi ké shang yǐ
置，而潜艇则标在指挥室围壳上，以
biàn yú shí bié
便于识别。

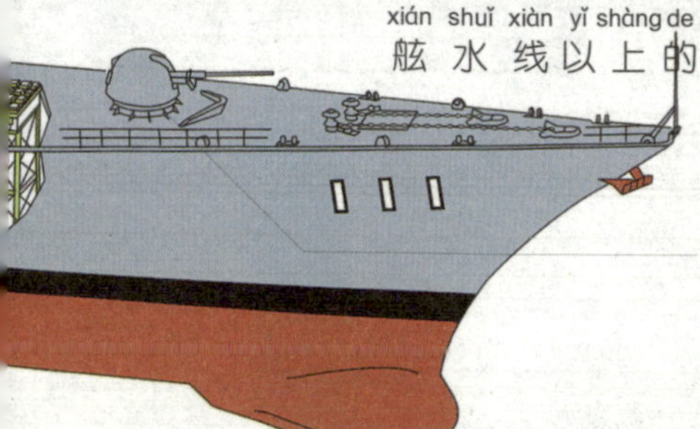

海上枭雄——战列舰

战列舰被称为“海上枭雄”，它上面的舰炮口径特别大，装甲防护能力和突击能力都很强，能在远洋地区作战。战列舰可以完成海上作战、支援登陆和攻击岸上目标等任务。

正在进行海战的风帆战列舰

风帆战列舰

这是早期的一种战列舰，出现在17世纪后期，是帆船舰队中最大的战舰。它的船体是用木头做的，靠风吹动船上的风帆航行，上面安装了数十门到上百门舰炮。交战时，双方的船要各自排成一列纵队，然后进行火炮互射。

蒸汽战列舰

法国"光荣"号蒸汽战列舰

蒸汽战列舰是以蒸汽机做动力的战列舰。它使军舰第一次具备了高速航行能力和良好的机动性能，能不受海上风向、风速和潮流的影响而进行远洋作战。蒸汽除了被用作战列舰的前进动力外，还被用于操纵装填弹药、抽水及升降舰载小艇等。

现代战列舰

正在发炮的现代战列舰

现代战列舰都是第二次世界大战前建造的，经过多次的现代化改装。如美国的战列舰经过改装，航行速度大大提高，除了舰炮外，还装备了导弹、直升机等现代化的武器装备。作战时，通常使自己的舰队队形与敌舰的前进队形成直角，这样就可以集中全部的侧舷火力打击敌舰队的前导舰，而敌人却不能用全部炮火回击。

海上堡垒——巡洋舰

巡洋舰在排水量、火炮、装甲防护等方面仅次于战列舰，是一种主要在远洋活动的大型舰船。巡洋舰主要用于防空、反潜和远程攻击作战。

导弹巡洋舰正在发射导弹。

导弹巡洋舰

导弹巡洋舰上安装了导弹发射装置，可以发射攻击飞机的舰对空导弹和攻击潜艇的反潜导弹等。目前先进的导弹巡洋舰，不但能发射舰对空导弹，还安装了搜索空中目标的雷达和指挥控制武器的雷达，具有攻防兼备的能力，可以有效地抗击敌人空袭。

"提康德罗加"级巡洋舰上装备有"宙斯盾"防空系统，具有防御弹道导弹的能力。

美国"长滩"号核动力巡洋舰

核动力巡洋舰

核动力巡洋舰是利用核能做动力前行的舰船，它的持续航行能力特别突出，可以在远洋地区单独执行任务。世界上第一艘核动力巡洋舰是美国的"长滩"号核动力巡洋舰，它添加一次核燃料后可保证15年的航行。

直升机巡洋舰

直升机巡洋舰是一种携载直升机的巡洋舰，主要在中等距离海域和近海执行反潜、反舰和防空作战任务。如意大利海军的"安德雷阿·多里亚"级巡洋舰是意大利建造的第一批直升机巡洋舰，它的后部可以搭载4架直升机，同时它本身还具有很强的反潜能力。

意大利"安德雷阿·多里亚"级直升机巡洋舰

知识集装箱

美国最后的核动力巡洋舰——"弗吉尼亚"级巡洋舰 "弗吉尼亚"级核动力巡洋舰是美国最后的核动力巡洋舰，它的武器系统十分先进，装备有巡航导弹、舰对舰导弹、舰对空导弹和反潜导弹。上面可搭载两架多用途直升机。它的主要任务是为航空母舰编队提供远程防空、反潜和反舰保护。

海上多面手——驱逐舰

日本"松"级护航驱逐舰

驱逐舰是以导弹、舰炮、鱼雷等为主要武器，具有多种作战能力的中型舰船。它能攻击潜艇和水面舰船，袭击岸上目标，也可担负护航、侦察、巡逻等任务。由于驱逐舰有这么多的本事，所以它也被称为"海上多面手"。

韩国"乙支文德"号驱逐舰

最早的驱逐舰

在驱逐舰诞生以前，曾有一种叫"鱼雷炮舰"的舰艇，是用来专门对付鱼雷艇的。不过，这种舰艇的速度不如鱼雷艇快。这就需要建造一种战斗力更强、速度更快的军舰。1893年，英国建造了世界上第一批"哈沃克"号和"大黄蜂"号远洋舰艇，也叫鱼雷艇驱逐舰，它们既能对付鱼雷艇，也能攻击大型军舰，是现代驱逐舰的前身。

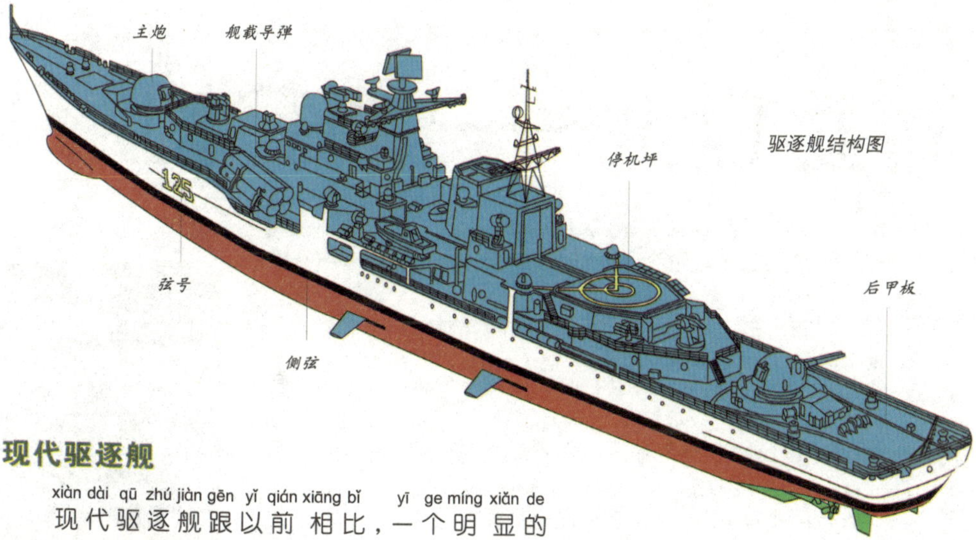

驱逐舰结构图

现代驱逐舰

xiàn dài qū zhú jiàn gēn yǐ qián xiāng bǐ yī ge míng xiǎn de
现代驱逐舰跟以前相比，一个明显的
biàn huà shì pái shuǐ liàng dà dà zēng jiā lìng yī ge biàn huà jiù shì chū xiàn le lì yòng
变化是排水量大大增加；另一个变化就是出现了利用
hé dòng lì qián xíng de qū zhú jiàn měi guó bān bù lǐ qí hào qū zhú jiàn shì shì jiè shang dì yī sōu hé dòng
核动力前行的驱逐舰。美国“班布里奇”号驱逐舰是世界上第一艘核动
lì qū zhú jiàn tā néng rào dì qiú háng xíng quān ér bù xū yào gēng huàn rán liào tóng shí xiàn dài qū zhú jiàn
力驱逐舰，它能绕地球航行16圈而不需要更换燃料。同时现代驱逐舰
de wǔ qì yǐ dǎo dàn wéi zhǔ lìng yǒu jiàn pào yú léi hé jiàn zài zhí shēng jī děng
的武器以导弹为主，另有舰炮、鱼雷和舰载直升机等。

知识集装箱

会“隐身”的驱逐舰——“伯克”级驱逐舰 “伯克”级驱逐舰是美国海军第一种具备隐身能力的战舰。它的上层建筑比同类舰船要小，舰的边角都被设计成圆弧形状，不容易被敌人的雷达发现。它具有对陆、对海、对空的全面作战能力，代表了美国海军驱逐舰的最高水平。

海上卫士——护卫舰

护卫舰被称为“海上卫士”，是一种轻型水面战斗舰艇。护卫舰吨位小、武器弱、航速低，但它的机动性好、造价低。护卫舰主要用来为舰艇编队护航，同时也负责反潜、巡逻、警戒及支援登陆作战等任务。

海上卫士——护卫舰

护卫舰的产生和发展

18世纪，英国建造了第一艘“南安普敦”号护卫舰，美国则建造了“合众国”号护卫舰。初期的护卫舰主要在港湾及近海完成巡逻、护卫的任务。第二次世界大战中，护卫舰装备有鱼雷、水雷，参加了海战和登陆作战。现代的护卫舰，还装备了各种导弹，已经成为一种用途更广泛、造价更低廉，能够在远洋进行机动作战的海战武器。

导弹护卫舰

导弹护卫舰主要用来护航、反潜。它装备了各种先进导弹，包括舰对舰导弹、舰对空导弹、舰对潜导弹等。有的导弹护卫舰还配有直升机，用来对付潜艇。

轻型护卫舰

轻型护卫舰比普通护卫舰吨位要小，它以76毫米以下口径火炮和反潜武器为主要装备。主要担负近海作战，以及进行巡逻、警戒和护航等任务。轻型护卫舰不仅灵活机动，而且具有较强的独立作战能力，它能够在反潜与防空作战中对大型水面战舰实施有力的支援。

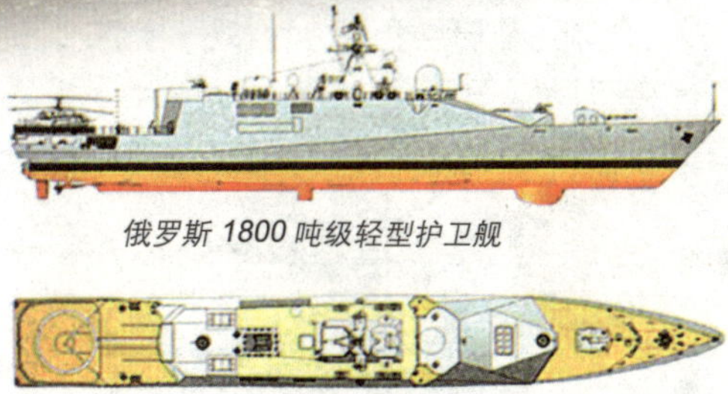

俄罗斯 1800 吨级轻型护卫舰

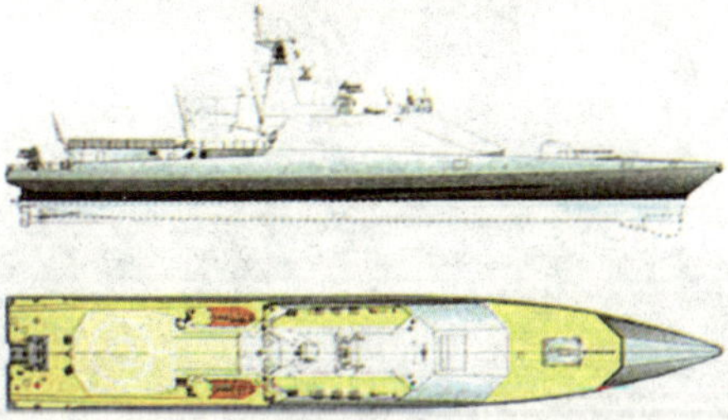

俄罗斯 1200 吨级轻型护卫舰

知识集装箱

护卫舰的首次实战 护卫舰首次投入实战是1904～1905年的日俄战争。当时日本舰队多次用鱼雷、炮火袭击俄国舰队，为了对付日军，俄国建造了一批专用护卫舰。早期的护卫舰排水量小、火力弱、航速差，只适合在近海活动。

海上霸主——航空母舰

航空母舰是现有舰种中吨位、体积、作战能力等方面均居第一的大型舰船，因此被称为“海上巨无霸”、“海上霸主”。它就像一个浮动的海上飞机场，停靠在它上面的飞机是它的武器。一艘航空母舰可以搭载多种用途的飞机，除了有用于进攻的战斗机，还有侦察机、预警机等特殊作用的飞机。

航空母舰的构造

航空母舰的结构要比其他舰艇复杂很多，它是由飞行甲板、机库、弹射器、拦阻索、升降机、舰桥等部分组成的。其中，飞行甲板是供飞机起降和停放的上层甲板；弹射器是帮助飞机起飞的装置；舰桥是航空母舰的指挥、控制中心。

航空母舰上的飞机跑道

háng kōng mǔ jiàn shang de fēi jī pǎo dào dōu bù shì hěn cháng
航空母舰上的飞机跑道都不是很长，
háng kōng mǔ jiàn shang yǒu yī zhǒng zhēng qì tán shè qì kě yǐ suō duǎn
航空母舰上有一种蒸汽弹射器可以缩短
fēi jī qǐ fēi shí de huá xíng jù lí lìng wài háng kōng mǔ jiàn shang
飞机起飞时的滑行距离。另外，航空母舰上
hái cháng cháng xié zài chuí zhí duǎn jù qǐ jiàng fēi jī zhè zhǒng fēi
还常常携载垂直/短距起降飞机，这种飞
jī néng xiàng zhí shēng jī nà yàng chuí zhí de shēng dào kōng zhōng
机能像直升机那样垂直地升到空中。

航母上的飞机准备弹射起飞。

航空母舰上的飞机跑道并不是很长。

航空母舰上的机库

zài háng kōng mǔ jiàn de jiǎ bǎn xià miàn yǒu zhuān mén tíng fàng fēi jī
在航空母舰的甲板下面有专门停放飞机
de jī kù tā jiù xiàng fēi jī de lǚ diàn rú guǒ yǒu zhàn dòu rèn wù
的机库，它就像飞机的“旅店”，如果有战斗任务，
fēi jī jiù tōng guò zhuān yòng de shēng jiàng jī shēng dào jiǎ bǎn shang zhǔn bèi
飞机就通过专用的升降机升到甲板上，准备
cān jiā zhàn dòu yǒu de háng kōng mǔ jiàn yǒu liǎng céng tíng fàng fēi jī de cāng
参加战斗。有的航空母舰有两层停放飞机的舱
wèi ér yǒu de zhǐ yǒu yī céng háng kōng mǔ jiàn zài háng xíng shí hěn róng
位，而有的只有一层。航空母舰在航行时，很容
yì diān bǒ suǒ yǐ fēi jī bì xū tíng zài jī kù li
易颠簸，所以飞机必须停在机库里。

航空母舰的种类

航空母舰是海军舰艇中的“大块头”。按照排水量的多少可以分为大型航空母舰、中型航空母舰和小型航空母舰；按照动力可以分为核动力航空母舰和常规动力航空母舰；还可以按照战斗使命分为攻击航空母舰、反潜护航航空母舰和多用途航空母舰。

美国核动力航空母舰“尼米兹”号

核动力航空母舰

核动力航空母舰是利用核能燃料提供的动力进行航行的舰船，它最突出的优点是续航能力强。每更换一次核燃料，可航行80万~100万海里，相当于绕地球近20圈。由于采用的是核燃料，这就为航母本身节省出大量空间和吨位，同时不会排放有毒气体，也不会发出恼人的噪音。

航空母舰的构造

“吞金巨兽”

现代航空母舰被称为“吞金巨兽”，因为它的造价十分惊人。经大致估算，当今最先进的美国“尼米兹”级“斯坦尼斯”号航母，从开始建造到退役，共需花费约330亿美元，这还不包括航母的现代化改装和报废等费用。这样高的花费不是一般国家所能担负得起的。

知识集装箱

寿命最短的航空母舰 第二次世界大战时期，日本海军的超级战舰“信浓”号是当时最大的航空母舰，它是日军在战争期间计划建造的“大和”级战列舰的第三艘战舰，原本是战列舰的“信浓”号是为解燃眉之急而被改装成航母的。它服役不到10天就被美国潜艇给击沉了，成为世界上最短命的航母。

“深海幽灵”——潜艇

qián tǐng shì yī zhǒng néng gòu qián rù shuǐ xià
潜艇是一种能够潜入水下
huó dòng hé zuò zhàn de jiàn tǐng tā yǐn bì
活动和作战的舰艇，它隐蔽
xìng tè bié hǎo néng gòu zài shuǐ xià cháng
性特别好，能够在水下长
shí jiān háng xíng tā zài shēn shuǐ
时间航行，它在深水
xià bù róng yì bèi fā xiàn kě
下不容易被发现，可
yǐ zài dí rén méi yǒu fáng bèi de
以在敌人没有防备的
qíng kuàng xià tū rán fā shè
情况下，突然发射
yú léi dǎo dàn děng yī xià jiù
鱼雷、导弹等，一下就
bǎ dí fāng de mù biāo gěi cuī huǐ le
把敌方的目标给摧毁了。

潜艇的外形

qián tǐng de xíng zhuàng kě yǒu qù le zuì zǎo
潜艇的形状可有趣了，最早
de shí hou xiàng yī ge é dàn hòu lái yòu biàn de jiān jiān
的时候像一个鹅蛋，后来又变得尖尖
de shòu shòu de zài hòu lái yòu xiàng yī dī shuǐ dī xiàn zài
的、瘦瘦的，再后来又像一滴水滴。现在，
shì jiè gè guó qián tǐng de xíng zhuàng dà dōu shì cháng guī xíng hé shuǐ
世界各国潜艇的形状大都是常规形和水
dī xíng de le qí zhōng shuǐ dī xíng shè jì néng gòu dà dà jiǎn
滴形的了。其中，水滴形设计能够大大减
xiǎo qián tǐng zài shuǐ xià de zǔ lì
小潜艇在水下的阻力。

潜艇的形状利于在水中航行。

知识集装箱

最大的潜艇 世界上最大的潜艇要属俄罗斯“台风”级弹道导弹核潜艇了。这艘潜艇重达 27000 吨，几乎有两个足球场那么大。它是用连在一起的两艘普通潜艇的艇壳制成的，能装载 20 枚洲际巡航导弹，可以发射到 7242 千米远的距离呢。它的锥形塔特别高，在上面能俯视停在一旁的驱逐舰上所有的人。

潜艇中的老大——核潜艇

hé qián tǐng kào hé rán liào chǎn shēng de dòng
核潜艇靠核燃料产生的动
lì háng xíng kě yǐ lì yòng hé fǎn yìng duī zhuāng
力航行，可以利用核反应堆装
zhì chǎn shēng de néng liàng jìn xíng bǔ jǐ hé qián
置产生的能量进行补给。核潜
tǐng jù yǒu háng sù kuài gōng jī lì qiáng xù háng
艇具有航速快、攻击力强、续航
néng lì dà de tè diǎn shǐ tā chéng wéi qián tǐng
能力大的特点，使它成为潜艇
jiā zú zhōng dāng zhī wú kuì de lǎo dà
家族中当之无愧的老大。

核潜艇上的水兵

"台风"级弹道导弹核潜艇

在潜艇中呼吸

qián tǐng lǐ miàn de rén xū yào dà liàng de yǎng qì yǎng
潜艇里面的人需要大量的氧气。氧
qì zhǔ yào fàng zài gāng píng li měi cì háng xíng qián tǐng dōu děi
气主要放在钢瓶里，每次航行，潜艇都得
xié dài zhì shǎo ràng rén néng gòu hū xī tiān de gāng píng cái xíng
携带至少让人能够呼吸90天的钢瓶才行。
cǐ wài hái yào zhǔn bèi yī zhǒng yǎng zhú rán shāo yī zhī yǎng zhú kě
此外，还要准备一种氧烛，燃烧一支氧烛可
yǐ gōng ge rén hū xī yī ge xiǎo shí ne
以供40个人呼吸一个小时呢。

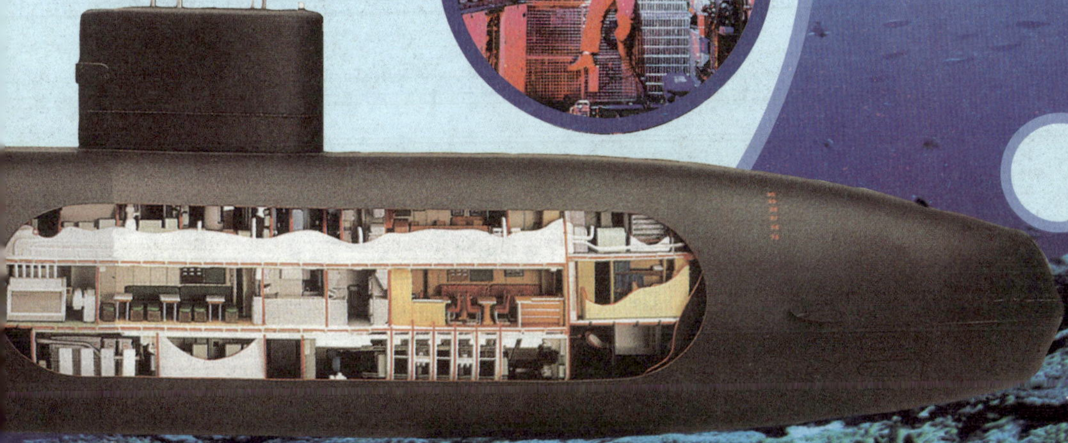

潜艇的"厚外衣"

hěn duō qián tǐng dōu chuān zhe sù liào bù xiàng sù liào hǎi mián bù xiàng hǎi mián de hòu
很多潜艇都穿着塑料不像塑料、海绵不像海绵的"厚
wài yī zhè céng hòu wài yī de xué míng jiào xiāo shēng wǎ shì dé guó hǎi
外衣"，这层"厚外衣"的学名叫"消声瓦"，是德国海
jūn zuì xiān zài qián tǐng shang shǐ yòng de tā jì kě yǐ xī shōu dí fāng léi dá
军最先在潜艇上使用的。它既可以吸收敌方雷达
fā chū de shēng bō yě kě yǐ gé lí qián tǐng nèi bù zào shēng xiàng
发出的声波，也可以隔离潜艇内部噪声向
tǐng wài de fú shè hái néng gòu yì zhì jiàn tǐng de zhèn dòng xiàn
艇外的辐射，还能够抑制舰艇的振动。现
zài xiāo shēng wǎ jì shù yǐ zài dà duō shù guó jiā de qián tǐng shang
在消声瓦技术已在大多数国家的潜艇上
dé dào le pǔ jí
得到了普及。

潜艇的"厚外衣"叫消声瓦，可以吸收敌方雷达发出的声波。

在水中悬浮

qián tǐng dōu néng zài shuǐ zhōng xuán fú tā de shuǐ guì shì dāng zhī wú kuì de gōng chén dāng qián tǐng
潜艇都能在水中悬浮，它的水柜是当之无愧的"功臣"。当潜艇
xū yào xià chén shí shuǐ guì de fá mén jiù huì dǎ kāi hǎi shuǐ jiù huì dà liàng de yǒng rù suí zhe jìn shuǐ liàng
需要下沉时，水柜的阀门就会打开，海水就会大量地涌入。随着进水量
de zēng jiā qián tǐng de zhòng liàng chāo guò le hǎi shuǐ de fú lì qián tǐng jiù bù duàn xià chén
的增加，潜艇的重量超过了海水的浮力，潜艇就不断下沉。
dāng qián tǐng xià chén dào yù dìng de shēn dù fá mén bèi guān bì qián tǐng de
当潜艇下沉到预定的深度，阀门被关闭，潜艇的
zhòng liàng hé fú lì de dà xiǎo xiāng dāng qián tǐng jiù
重量和浮力的大小相当，潜艇就
tíng zhǐ bù dòng xuán fú zài shuǐ
停止不动，悬浮在水
zhōng le
中了。

水面上的潜艇要想在水中悬浮，首先要往水柜中灌水。

潜艇的任务

qián tǐng néng gòu wán chéng de rèn wù kě duō la bǐ fang shuō dǎ
潜艇能够完成的任务可多啦，比方说，打
jī lù dì shang hé hǎi miàn shang de mù biāo cuī huǐ dí fāng jūn shì zhèng
击陆地上和海面上的目标，摧毁敌方军事、政
zhì jīng jì zhōng xīn xiāo miè dí fāng yùn shū chuán bó pò huài dí fāng hǎi shang
治、经济中心，消灭敌方运输船舶，破坏敌方海上
jiāo tōng xiàn gōng jī dà zhōng xíng shuǐ miàn jiàn tǐng hé qián tǐng děng děng lìng wài
交通线，攻击大中型水面舰艇和潜艇等等。另外，
qián tǐng yǒu shí hái zhí xíng bù léi zhēn chá yùn shū jiù yuán hé qiǎn sòng tè zhǒng
潜艇有时还执行布雷、侦察、运输、救援和遣送特种
rén yuán dēng lù děng rèn wù
人员登陆等任务。

怎样在水下发射导弹？

qián tǐng kě yǐ zài shuǐ xià shén chū guǐ mò chū qí bù yì de fā shè dǎo dàn zhè shì yīn wèi qián tǐng yǒu
潜艇可以在水下神出鬼没，出其不意地发射导弹，这是因为潜艇有
qiáng yǒu lì de dǎo dàn fā shè zhuāng zhì hé gāo jīng dù de zhì dǎo xì tǒng dǎo dàn bèi fàng zài fā shè tǒng zhōng
强有力的导弹发射装置和高精度的制导系统。导弹被放在发射筒中，
fā shè shí dǎ kāi tǒng gài qǐ dòng dòng lì xì tǒng shǐ fā shè xì tǒng diǎn huǒ huǒ yào chǎn shēng de gāo
发射时，打开筒盖，启动动力系统，使发射系统点火，火药产生的高
wēn gāo yā hùn hé shuǐ zhēng qì tuī dòng dǎo dàn fā shè chū qù jī zhòng mù biāo ràng dí rén fáng bù shèng fáng
温高压混合水蒸气，推动导弹发射出去，击中目标，让敌人防不胜防。

第六章

军用飞机停机坪

在军用飞机停机坪上，你或许能看到被称为“神秘幽灵”的B—2隐形轰炸机，或者是被称为“坦克杀手”的A—10攻击机，它们都是军用飞机中的佼佼者。自从专门用于空战的军用飞机出现以来，军用飞机得到了日新月异的发展。从最初带有简单射击武器的战机，到现在配备先进航炮和导弹的战机，现代军用飞机具备了极高的性能。被称为“空中指挥部”的E—3A预警机能够在自己一方的安全区域里，同时指挥上百架飞机进行空战。“坦克终结者”——“阿帕奇”武装直升机可以从6～7千米处轻易击毁地面坦克……这些排列在停机坪上随时待命的军用飞机要么是空战利器，要么是低空霸主，它们在战争各方争夺制空权的过程中大显神威，都发挥了不可替代的作用。

空战勇士——战斗机

战斗机是军用飞机中装备数量最多、应用最广的机种。在现代战争中，战斗机一马当先、冲锋陷阵，被人称为“空战勇士”。战斗机的主要任务是防空，即保卫自己的领空，歼灭入侵的敌方空中武器，如侦察机、轰炸机、攻击机和巡航导弹等。

美国 F-15“鹰”式战斗机

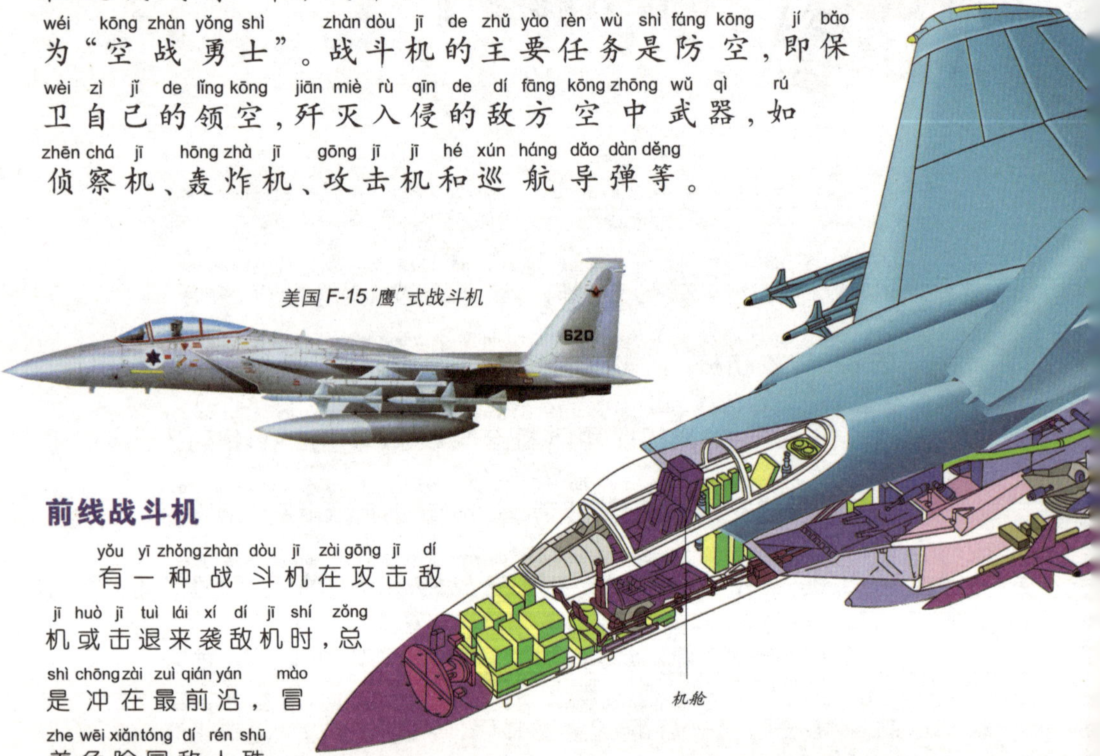

前线战斗机

有一种战斗机在攻击敌机或击退来袭敌机时，总是冲在最前沿，冒着危险同敌人殊死搏斗，夺取战场上的制空权，它就是前线战斗机。前线战斗机可以携带小型炸弹和火箭，本身还装备强有力的火炮及空对空导弹，可以有效攻击敌机。

知识集装箱

早期的战斗机 最早的战斗机诞生在第一次世界大战初期，法国率先在飞机上安装机枪用于空战，随后专门的战斗机研制成功。早期的战斗机多是双翼木质结构，飞机上装有与螺旋桨协调同步的机枪。

苏联米格-29
战斗机

拦截战斗机

dāng dí rén de fēi jī qīn rù lǐng kōng shí
当敌人的飞机侵入领空时，
lán jié zhàn dòu jī jiù huì shēng kōng jìn xíng jié
拦截战斗机就会升空进行截
jī tā zhǔ yào dān rèn fáng kōng rèn wù bǎo hù zhòng yào
击。它主要担任防空任务，保护重要
qū yù de ān quán xiāo miè lái fàn de dí fāng hōng zhà jī hé
区域的安全，消灭来犯的敌方轰炸机和
dǎo dàn děng lán jié zhàn dòu jī néng zài è liè qì xiàng
导弹等。拦截战斗机能在恶劣气象
tiáo jiàn xià jí yè jiān fēi xíng shì yī zhǒng quán tiān
条件下及夜间飞行，是一种“全天
hòu fēi xíng de fēi jī
候”飞行的飞机。

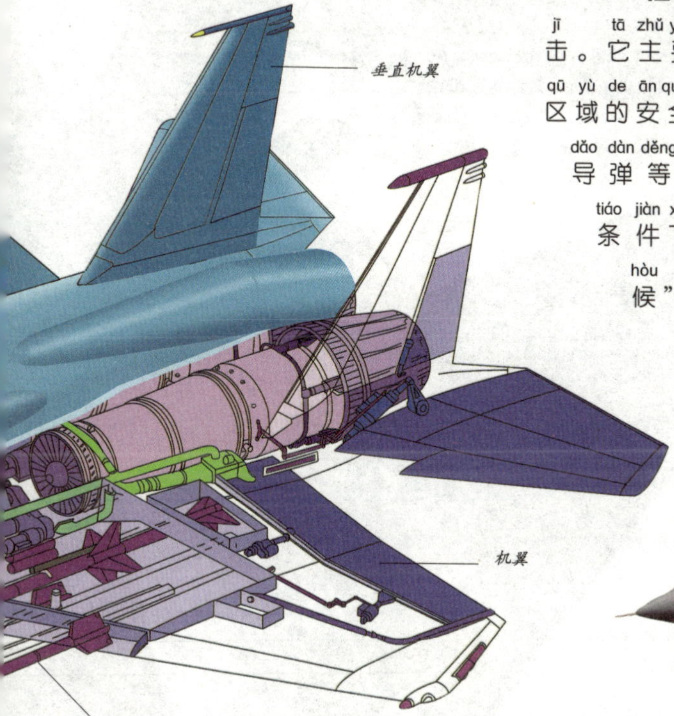

战斗机结构图

美国 F-16“战隼”战斗机

护航战斗机

hù háng zhàn dòu jī shì qí tā fēi jī de kōng zhōng
护航战斗机是其他飞机的“空中
bǎo biāo néng gēn zài hōng zhà jī huò qí tā fēi jī de zhōu
保镖”，能跟在轰炸机或其他飞机的周
wéi wèi tā men tí gōng bǎo hù zǔ zhǐ dí jī de gōng jī
围，为它们提供保护，阻止敌机的攻击，
yǐ bǎo zhèng tā men shùn lì wán chéng rèn wù
以保证它们顺利完成任务。

战斗机和飞行员

空中利剑——攻击机

gōng jī jī shì kōng jūn zhòng yào de kōng zhàn wǔ qì bèi chēng wéi kōng
攻击机是空军重要的空战武器，被称为“空
zhōng lì jiàn gōng jī jī yǒu liáng hǎo de dī kōng chāo dī kōng fēi xíng néng
中利剑”。攻击机有良好的低空、超低空飞行能
lì zhè zhǒng fēi jī kě yǐ xié dài duō zhǒng wǔ qì zì shēn bǎo
力，这种飞机可以携带多种武器，自身保
hù néng lì qiáng
护能力强。
tā xiàng yī bǎ cì xiàng dì miàn de lì jiàn néng zhǔn què
它像一把“刺向地面的利剑”，能准确
de shí bié hé gōng jī hōng zhà dì miàn bǐ jiào xiǎo de mù biāo
地识别和攻击（轰炸）地面比较小的目标。

早期的攻击机

zuì zǎo de gōng jī jī shì yóu dé guó róng kè gōng
最早的攻击机是由德国容克公
sī yán zhì de róng kè xíng fēi jī tā shì zhuāng yǒu lǚ
司研制的容克JI型飞机，它是装有铝
hé jīn méng pí hé fáng hù zhuāng jiǎ de shuāng yì jī tā yě shì zuì
合金蒙皮和防护装甲的双翼机，它也是最
zǎo de quán jīn shǔ fēi jī jī shang zhuāng yǒu jī qiāng zài yǒu
早的全金属飞机。机上装有机枪，载有
shǎo liàng zhà dàn kě yǐ zài
少量炸弹，可以在
dī kōng duì dì miàn mù biāo jìn
低空对地面目标进
xíng sǎo shè hōng zhà
行扫射轰炸。

美国F/A18“大黄蜂”战斗攻击机

“鹞”式攻击机是世界上第一种实用型垂直/短距起降攻击机。

二战中的攻击机

二战中，德国装备了新的攻击机容克－87和亨舍尔－12，它们又称为“俯冲轰炸机”。美国和日本则是重点发展了能够对舰艇进行鱼雷攻击和俯冲轰炸的攻击机。

地勤人员正在给攻击机安装导弹。

“夜鹰”F-117A隐形攻击机正在进行空中加油。

攻击机的发展

二战后，攻击机又有了新的发展。美国先后装备了A-7、A-10等型攻击机，苏联则装备了苏-25型攻击机。现代攻击机都装备有机关炮和火箭弹，更强调超低空突防和攻击能力。

知识集装箱

空中炮艇——AC-130攻击机

AC-130攻击机是美国的一种特种作战飞机。越南战争期间，装有多挺重机枪和火炮的AC-130至少摧毁了1万辆军用坦克，是名副其实的“空中炮艇”。

空中堡垒——轰炸机

轰炸机是个投弹"高手"，能投掷各种炸弹，也能发射空对地导弹。轰炸机的"脾气"很大，威力惊人，几架轰炸机投下数十吨的炸弹，就能把一个中小城市炸毁。按载弹量的不同，轰炸机可分为轻型、中型、重型三类。

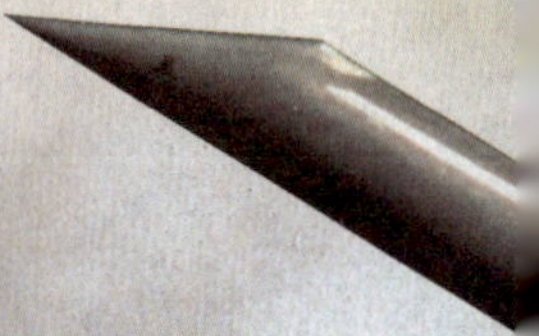

苏联"逆火"图—22轰炸机

二战中表现轰炸德国场景的海报

轻型轰炸机

轻型轰炸机也叫近程轰炸机，主要用来轰炸敌方前线阵地、供应线及战线附近的军事目标。轻型轰炸机的载弹量3～5吨，航程3000千米以下，用于近距离支援陆军、海军作战。

知识集装箱

神秘的幽灵攻击——B-2 隐形轰炸机 B-2 隐形轰炸机的外形像一只巨大的蝙蝠，有很多突出的特点，它可以携带大量炸弹，攻击力也非常强；它的航程很远，能向敌军的纵深方向进攻；特别是它穿了一件能吸收雷达波的黑色“外衣”，能有效地躲避雷达的探测，达到良好的隐身效果，能在神不知鬼不觉的情况下，突袭敌人的后方，被称为“黑色幽灵”。

美国空军 B-52 重型轰炸机

中型轰炸机

中型轰炸机也叫中程轰炸机。主要用于对敌人后方重要目标实施轰炸。中型轰炸机的载弹量5～10吨，航程3000～6000千米，必要时也可用于支援陆军、海军作战。

F-111 战斗轰炸机

美国 B-2 隐形轰炸机

重型轰炸机

重型轰炸机也叫远程轰炸机。它“体重”大，威力也大。主要用于深入敌人后方，对其军事基地、经济和政治中心等战略目标进行轰炸。重型轰炸机的载弹量在10吨以上，航程在8000千米以上，它最厉害的“功夫”就是能投放核武器。

空中间谍——侦察机

美国 OV—1D 侦察机

侦察机主要用于从空中获取情报，是飞机中的间谍，因此又被人们称为“间谍飞机”。侦察机通常装有不同类型的航空照相机以及雷达、电视等侦察设备，以获取敌军调动、兵力布置、后方交通等敌方军事情报。

美国 U2 高空战略侦察机

SR-71 远程战略侦察机

战略侦察机

战略侦察机的特点是飞行高度高、航程远，能从高空深入敌方领土或沿边界飞行，装有复杂的电子侦察设备，可对敌方的军事目标和工业区、导弹基地等战略目标实施侦察。

知识集装箱

神速黑鸟——SR-71 侦察机 美国 SR-71 侦察机被称为“神速黑鸟”。它的外形很像一只黑色的大鸟，装有先进的侦察设备，可以在 1 小时内完成对面积为 30 万平方千米地区的侦察任务。同时它的连续航行能力也相当出色。

SR-71 侦察机

战术侦察机

zhàn shù zhēn chá jī shì duì zhàn chǎng hé
战术侦察机是对战场和
zhàn qū mù biāo shí shī zhēn chá de fēi jī qí zhǔ
战区目标实施侦察的飞机。其主
yào rèn wù shì duì dí fāng zòng shēn qiān mǐ fàn wéi nèi de bīng lì bù zhì huǒ lì pèi zhì dì xíng
要任务是对敌方纵深300～500千米范围内的兵力布置、火力配置、地形
dì mào děng jìn xíng zhēn chá yǐ xié zhù zhàn chǎng zhǐ huī yuán liǎo jiě dí qíng hé zhì dìng zuò zhàn jì huà
地貌等进行侦察，以协助战场指挥员了解敌情和制定作战计划。

无人侦察机

wú rén zhēn chá jī shì yī zhǒng yóu wú xiàn diàn yáo
无人侦察机是一种由无线电遥
kòng shè bèi cāo zòng huò yóu zì shēn chéng xù kòng zhì zhuāng
控设备操纵或由自身程序控制装
zhì cāo zòng de bù zài rén de zhēn chá fēi jī tā jié
置操纵的不载人的侦察飞机。它结
gòu jiǎn dān zhòng liàng qīng tǐ jī xiǎo jī dòng xìng hǎo tā
构简单、重量轻、体积小、机动性好。它
ān zhuāng yǒu xiān jìn de zhēn chá shè bèi néng bù fēn zhòu yè de zhēn chá dí qíng
安装有先进的侦察设备，能不分昼夜地侦察敌情。

德国战术侦察机

无人侦察机

“空中指挥部”——预警机

yù jǐng jī yòng yú sōu suǒ jiān shì kōng zhōng hé hǎi shang
预警机用于搜索、监视空中和海上
mù biāo zhǐ huī yǐn dǎo jūn yòng fēi jī zhí xíng zuò zhàn rèn wù
目标，指挥引导军用飞机执行作战任务，
bèi chēng wéi kōng zhōng zhǐ huī bù jī shang zhuāng yǒu léi
被称为“空中指挥部”。机上装有雷
dá hé diàn zǐ zhēn chá shè bèi zēng cháng le yù jǐng shí jiān
达和电子侦察设备，增长了预警时间，
yīn cǐ fā xiàn dī kōng chāo dī kōng hé hǎi shang fēi xíng mù biāo
因此发现低空、超低空和海上飞行目标
de néng lì dà wéi tí gāo
的能力大为提高。

预警机

早期的预警机

yù jǐng jī dàn shēng zài èr zhàn hòu qī dāng shí wèi le fā xiàn jiàn zài léi dá máng qū
预警机诞生在二战后期，当时为了发现舰载雷达盲区
bù néng fā xiàn de dí fāng fēi jī měi guó hǎi jūn bǎ jǐng jiè léi dá zhuāng zài le fēi jī
不能发现的敌方飞机，美国海军把警戒雷达装在了飞机
shang zhè xiē fēi jī jiù chéng le zuì zǎo de yù jǐng fēi jī suí hòu bù jiǔ yīng guó děng
上，这些飞机就成了最早的预警飞机。随后不久，英国等
guó yě xiāng jì yán zhì chéng gōng yù jǐng jī bù guò
国也相继研制成功预警机。不过，
zǎo qī de yù jǐng jī léi dá gōng néng dān yī zhǐ yǒu
早期的预警机雷达功能单一，只有
yù jǐng néng lì ér méi yǒu zhǐ huī gōng néng
预警能力，而没有指挥功能。

飞行中的预警机

预警机背上的圆盘

yù jǐng jī de bèi
预警机的背
shang yǒu yī ge mó gu
上有一个蘑菇
xíng de dà yuán pán zhè xiē yuán pán yǒu shén me yòng
形的大圆盘，这些圆盘有什么用
ne yuán lái rén men wèi le shǐ léi dá néng zài jiào yuǎn de jù lí shang fā xiàn dí jī huò dǎo dàn jiù bǎ léi
呢？原来，人们为了使雷达能在较远的距离上发现敌机或导弹，就把雷
dá tiān xiàn bān dào le fēi jī shang yù jǐng jī shang de dà yuán pán jiù shì léi dá tiān xiàn zhào lǐ miàn zhuāng
达天线搬到了飞机上。预警机上的大圆盘就是雷达天线罩，里面装
yǒu léi dá tiān xiàn hé dí wǒ shí bié tiān xiàn
有雷达天线和敌我识别天线。

美军预警机

预警机的作用

dāng yǒu dí jī lái qīn fàn shí yù jǐng jī huì lì kè shàng
当有敌机来侵犯时，预警机会立刻上
tiān qù cè dìng dí jī de fāng wèi sù dù hé gāo dù rán hòu mǎ
天去测定敌机的方位、速度和高度，然后马
shàng yǐn dǎo jiān jī jī qián qù jié jī tóng shí rú guǒ yù jǐng
上引导歼击机前去截击。同时，如果预警
jī shang ān zhuāng le yī xiē bì yào de kòng zhì shè bèi tā hái kě
机上安装了一些必要的控制设备，它还可
yǐ zài zuò zhàn zhōng duì kōng zhōng fēi
以在作战中对空中飞
jī dì miàn chē liàng hé hǎi shang jiàn duì
机、地面车辆和海上舰队
jìn xíng zhǐ huī zuò yòng tè bié dà
进行指挥，作用特别大。

知识集装箱

“现代战争的法宝”——E-3A 预警机 E-3A 预警机被称为“现代战争的法宝”，它有许多优点。首先，它探测低空目标的能力很强，能提供很长的预警时间。其次就是不容易被攻击到，因为它通常是在自己一方的安全区域执行任务，并且有超远视能力，可以及时躲避敌方的进攻。再就是它指挥能力强，可以同时指挥上百架飞机进行空战。

低空霸主——军用直升机

军用直升机是用于运输、对地攻击、机降登陆作战的机种。在飞机家族里，直升机的“长相”比较特殊，它上面有大翼，后面有长长的尾巴。在直升机尾部侧方安有螺旋桨，当螺旋桨移动时，机身后部就产生一个作用力，当与直升机重心达到平衡时，直升机就能飞起来了。

反潜直升机

反潜直升机

反潜直升机能以较低的速度飞行，并能在指定地点的上空悬停，像“猫捉老鼠”一样，利用反潜鱼雷和深水炸弹等武器攻击隐藏在海中的潜艇。它可以在陆上机场和军舰上起降。

武装直升机

武装直升机

wǔ zhuāng zhí shēng jī shì jūn yòng zhí shēng jī jiā zú zhōng
武装直升机是军用直升机家族中
de zhàn dòu jī tā pèi bèi yǒu jī qiāng dǎo dàn děng jī
的“战斗机”。它配备有机枪、导弹等机
zài wǔ qì néng duì dì miàn shuǐ miàn hé shuǐ xià mù biāo jìn xíng
载武器，能对地面、水面和水下目标进行
gōng jī yě kě yǔ dí jī jìn xíng kōng zhàn tā jī dòng líng
攻击，也可与敌机进行空战。它机动灵
huó fǎn yìng xùn sù néng zài yùn dòng hé xuán tíng zhuàng
活、反应迅速，能在运动和悬停状
tài xià kāi huǒ
态下开火。

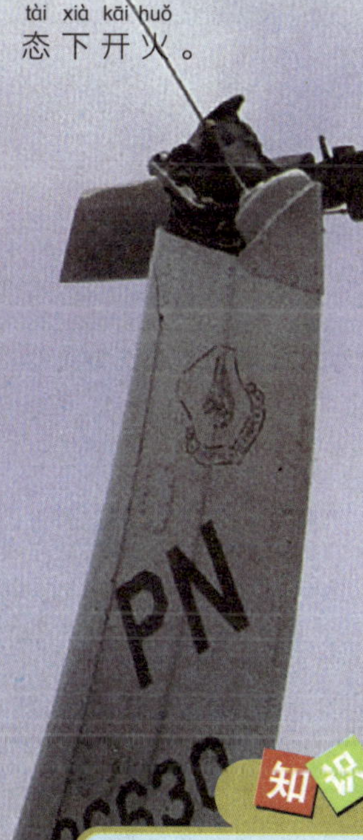

运输直升机

yùn shū zhí shēng jī shì yòng lái yùn sòng
运输直升机是用来运送
shì bīng hé wǔ qì zhuāng bèi de zhí shēng jī
士兵和武器装备的直升机，
tā shì zhí shēng jī zhōng de dà lì shén
它是直升机中的“大力神”。
bǐ rú sū lián de mǐ yùn shū zhí shēng jī
比如苏联的米—6运输直升机
néng dā chéng míng quán fù wǔ zhuāng de shì
能搭乘70名全副武装的士
bīng zài zhòng liàng jiē jìn dūn
兵，载重量接近20吨。

知识集装箱

坦克终结者——AH-64“阿帕奇”武装直升机

美国“阿帕奇”武装直升机能在恶劣气象条件下昼夜执行任务，有精良的武器装备和很强的生存能力。在它的底部有装甲，地面轻武器很难打穿它。它本身又装备有反坦克导弹，极具攻击性，可从6～7千米处精确击中目标。它能击毁地面坦克，被称为坦克终结者。在海湾战争中，一架“阿帕奇”直升机竟然在一轮战斗中摧毁了23辆坦克。

VFA-151
3W
82577-3819650-103
82577-3819650-103
82577-3819650-103

第七章

导弹发射基地

导弹发射基地在现代战争中发挥着重要作用，它可以发射各式导弹，在各种距离上摧毁各种目标。装备在基地上的导弹其实是一种很“年轻”的武器，从产生到现在才六十多年。别看它“年岁”小，发展得却特别快，它自身的动力装置越来越先进，制导系统越来越精确。著名的“战斧”巡航导弹命中精度在10米以内，被称为“战场明星”；海湾战争中的“爱国者”导弹更是被称为拦截“飞毛腿”导弹的行家里手；“响尾蛇”导弹是第一种利用红外线制导的空对空导弹；“陶”式导弹是专门给坦克“剥皮”的反坦克导弹……如果谁的导弹发射基地上能够装备这些高端技术的导弹，它就能掌握战争的主动权，在与敌人的对决中始终处于有利地位。

靠惯性滑行的弹道导弹

dàn dào dǎo dàn shì zài huǒ jiàn fā dòng jī de tuī dòng xià fēi xíng kào guàn xìng zì yóu huá
弹道导弹是在火箭发动机的推动下飞行，靠惯性自由滑
xíng de dǎo dàn dàn dào dǎo dàn yán zhe yī tiáo yù xiān què dìng de fēi xíng guǐ jì fēi xíng tōng
行的导弹。弹道导弹沿着一条预先确定的飞行轨迹飞行，通
cháng cǎi yòng chuí zhí fā shè tā de mìng zhòng jīng dù jí gāo jù yǒu jù dà de shā shāng lì
常采用垂直发射。它的命中精度极高，具有巨大的杀伤力。

弹道导弹的构造

dàn dào dǎo dàn yóu dàn tóu dǎo háng zhuāng zhì fā dòng jī dòng lì rán liào děng jǐ bù
弹道导弹由弹头、导航装置、发动机、动力燃料等几部
fen zǔ chéng dǎo dàn de dàn tóu yě jiào zhàn dòu bù yòng yú huǐ shāng mù biāo dǎo háng zhuāng
分组成。导弹的弹头也叫战斗部，用于毁伤目标；导航装
zhì shì kòng zhì dǎo dàn fēi xíng bìng bǎo zhèng dǎo dàn mìng zhòng mù biāo de bù jiàn fā dòng
置是控制导弹飞行并保证导弹命中目标的部件；发动
jī shì wèi dǎo dàn fēi xíng tí gōng dòng lì de zhuāng zhì
机是为导弹飞行提供动力的装置。

苏联 SS-25 战略弹道导弹弹头解剖图

印度远程弹道导弹

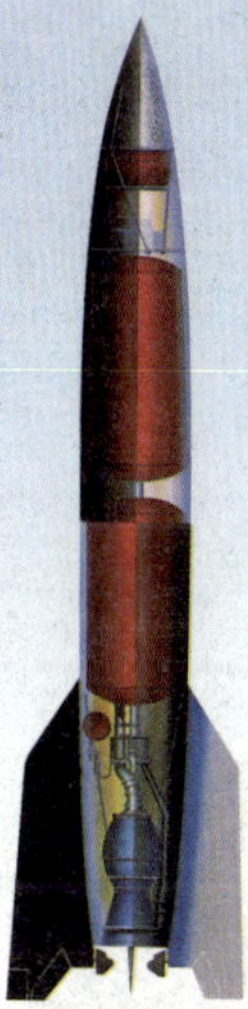
弹道导弹

弹道导弹的特点

dàn dào dǎo dàn de wài xíng jìn sì yú pǔ tōng de pào dàn hé huǒ
弹道导弹的外形近似于普通的炮弹和火
jiàn dàn zhǐ shì gèng dà gèng zhòng yī méi dàn dào dǎo dàn qīng
箭弹，只是更大更重。一枚弹道导弹轻
zé jǐ dūn zhòng zé jǐ shí dūn shèn zhì shàng bǎi dūn yī bān
则几吨，重则几十吨甚至上百吨，一般
pèi yǒu duō jí huǒ jiàn yǐ huò dé zú gòu de tuī lì dàn dào
配有多级火箭，以获得足够的推力。弹道
dǎo dàn fēi xíng de guǐ dào jué dà bù fen chǔ yú gāo kōng xī bó
导弹飞行的轨道绝大部分处于高空稀薄
dà qì céng yǐ jí zhēn kōng zhōng
大气层以及真空中。

印度“丹努什”舰对地弹道导弹

弹道导弹的威力

yóu yú dàn dào dǎo dàn zhì dǎo xì tǒng de bù duàn gǎi jìn hé
由于弹道导弹制导系统的不断改进和
wán shàn tā de mìng zhòng lǜ dà dà tí gāo le suǒ yǒu de dàn
完善，它的命中率大大提高了。所有的弹
dào dǎo dàn dōu kě yǐ xié dài hé dàn tóu mù qián shì jiè shang
道导弹都可以携带核弹头，目前世界上
gòng yǒu shang wàn méi zhàn lüè hé dàn tóu zhè xiē hé dàn tóu
共有上万枚战略核弹头，这些核弹头
zú yǐ gěi rén lèi zào chéng huǐ miè xìng zāi nàn
足以给人类造成毁灭性灾难。

“V-2”导弹的设计者德国科学家冯·布劳恩

知识集装箱

第一枚弹道导弹 1944年9月8日，德国使用威力强大的“V-2”导弹对伦敦进行了轰炸，造成了巨大的灾难。“V-2”导弹是世界上投入实战的第一枚弹道导弹。它“身长”14米，采用的是液体火箭发动机，装载了重达1吨普通炸药的弹头。

命中精度极高的巡航导弹

xún háng dǎo dàn de wài xíng hěn xiàng fēi jī shì yī zhǒng xiǎo xíng de wú rén jià shǐ fēi
巡航导弹的外形很像飞机，是一种小型的无人驾驶飞
xíng qì tā tǐ jī xiǎo zhòng liàng qīng mìng zhòng jīng dù gāo xún háng dǎo dàn de tū chū
行器。它体积小、重量轻、命中精度高。巡航导弹的突出
tè diǎn shì néng gēn jù dì xíng de biàn huà tiáo zhěng fēi
特点是能根据地形的变化调整飞
xíng gāo dù yǐ bì miǎn bèi léi dá fā xiàn
行高度，以避免被雷达发现。

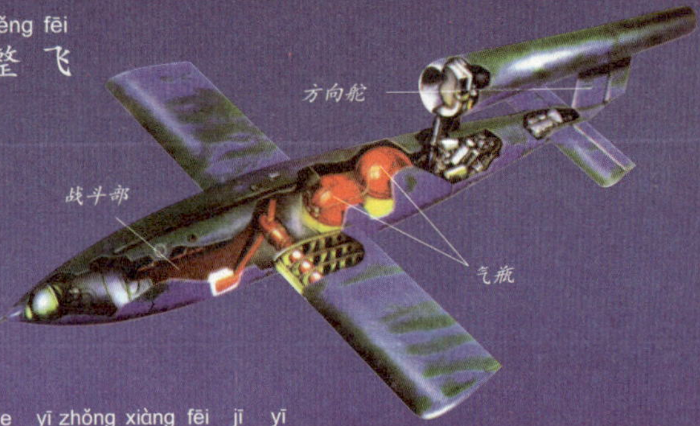

德国“V-1”巡航导弹剖面图

巡航导弹的鼻祖

dì èr cì shì jiè dà zhàn qī jiān dé guó yán zhì le yī zhǒng xiàng fēi jī yī
第二次世界大战期间，德国研制了一种像飞机一
yàng de fēi dàn zhè zhǒng fēi dàn néng gòu zì jǐ fēi bǐ hōng zhà jī de hōng zhà
样的飞弹，这种飞弹能够自己飞，比轰炸机的轰炸
hái měng liè zhè zhǒng xīn shì wǔ qì míng jiào tā zài fēi xíng de shí hou
还猛烈。这种新式武器名叫“V-1”，它在飞行的时候
huì fā chū yī zhèn cì ěr de hū xiào shēng dāng shí de rén men
会发出一阵刺耳的呼啸声，当时的人们
yú shì xíng xiàng de bǎ tā jiào zuò wēng wēng fēi dàn
于是形象地把它叫做“嗡嗡飞弹”。
zhè zhǒng fēi dàn jiù shì xiàn dài xún háng dǎo
这种飞弹就是现代巡航导
dàn de bí zǔ
弹的鼻祖。

知识集装箱

战场明星——“战斧”巡航导弹 “战斧”巡航导弹是美国的明星武器，有先进的制导系统，可以保证导弹的命中精度在 10 米以内。在海湾战争中，美军共发射了 228 枚“战斧”巡航导弹，击毁目标的成功率达到了 85%。

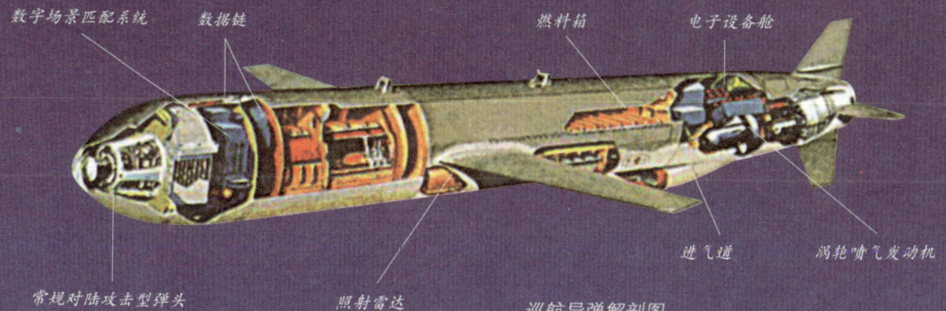

巡航导弹解剖图

巡航导弹的分类

xún háng dǎo dàn bāo kuò hěn duō zhǒng lèi zhè dōu shì yīn wèi tā kě yǐ wán chéng hěn duō rèn wù gēn
巡航导弹包括很多种类，这都是因为它可以完成很多任务。根
jù tā néng wán chéng rèn wù de bù tóng kě yǐ fēn wéi zhàn lüè xún háng dǎo dàn hé zhàn shù xún háng dǎo dàn
据它能完成任务的不同，可以分为战略巡航导弹和战术巡航导弹。
lìng wài rú guǒ àn fā shè píng tái de bù tóng tā hái kě yǐ fēn wéi kōng shè hǎi shè hé lù shè xún háng dǎo dàn
另外，如果按发射平台的不同，它还可以分为空射、海射和陆射巡航导弹。

巡航导弹的优势

xún háng dǎo dàn yǒu hěn
巡航导弹有很
duō yōu shì tā tǐ jī xiǎo zhòng
多优势，它体积小，重
liàng qīng biàn yú xié dài tā de
量轻，便于携带。它的
tū fáng néng lì hěn qiáng hěn nán
突防能力很强，很难
bèi dí fāng léi dá fā xiàn hé gēn
被敌方雷达发现和跟
zōng xún háng dǎo dàn de mìng
踪。巡航导弹的命
zhòng jīng dù jí gāo zuò zhàn xiào
中精度极高，作战效
néng hěn hǎo lìng wài xún háng
能很好。另外，巡航
dǎo dàn de chéng běn dī kě yǐ
导弹的成本低，可以
dà pī liàng de zhuāng bèi bù duì
大批量地装备部队。

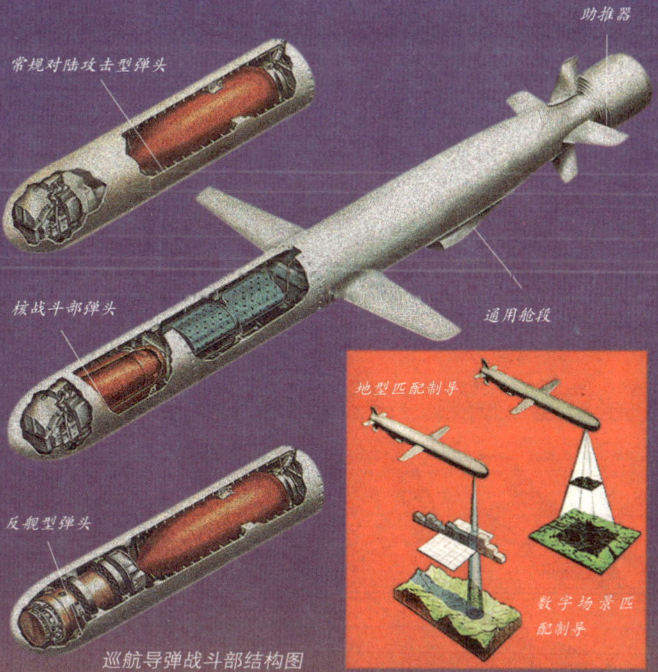

巡航导弹战斗部结构图

来自地面的战机杀手——地对空导弹

地对空导弹是从地面发射攻击空中目标的导弹，是在二战后发展起来的，它射程远、威力大。主要用来对付大气层中来袭的各种飞机、巡航导弹和战术空对地导弹，有的也可以用来对付战术弹道导弹。

地对空导弹的特点

与高炮相比，地对空导弹具有作战范围大，单发命中率高的优点；与截击机相比，它具有反应速度快，火力猛，不受目标速度和高度限制，可以在高、中、低空及远、中、近程构成一道道严密的防空火力网。

地对空导弹的分类

地对空导弹包括的种类特别多，按照机动性能的不同，可以分为机动式、固定式和便携式三种；如果按照发射距离的不同，它又可以分为远程、中程和近程三种。远程地对空导弹的最大射程可以达到100千米以上。

未来的地对空导弹

地对空导弹

随着军事科技水平的提高，未来的地对空导弹将会越来越先进，它将能够同时攻击多个目标，能够实现一弹多用，在使用时，它将与地面小口径高射炮相结合。另外，整个地对空导弹系统的抗干扰能力也将会进一步提高。

知识集装箱

合众国之盾——“爱国者”地对空导弹 1991年海湾战争中，美国用“爱国者”导弹拦截了伊拉克发射的80%的“飞毛腿”导弹，“爱国者”一战成名。“爱国者”导弹机动性能优良，是世界上第一种能拦截弹道导弹的地对空导弹。

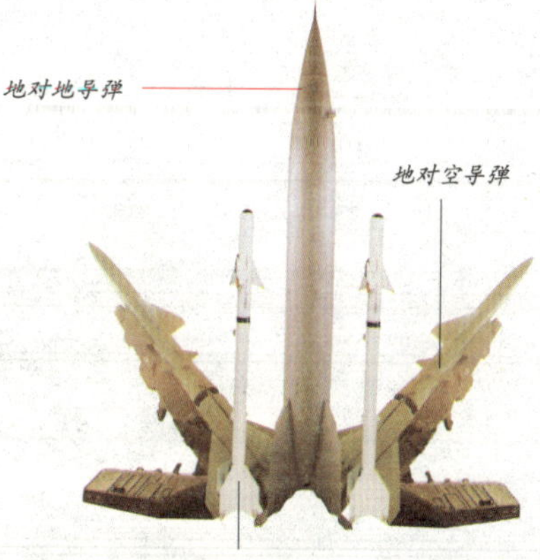

空战利器——空对空导弹

空对空导弹是从飞机上发射攻击空中目标的导弹，是作战飞机的主要空战武器。它尺寸小、重量轻、反应快、射程远、机动能力强、命中精度高，可同时发射多枚导弹攻击多个目标，具有自动寻找攻击目标的能力。

美国 AIM-7"麻雀"中距离空对空导弹

空对空导弹的发展

1944年4月，德国在世界上首先研制成了被称为X-4型的空对空导弹。它结构简单，易于大量生产，但射程太近。1955年，美国研制的"麻雀"AIM-7导弹是第一种投入使用的空对空导弹。攻击方式为尾追攻击，命中率不高。经过几十年的发展，如今的空对空导弹具备了全天候、全方向的作战能力。

挂满空对空导弹的战斗机

格斗空对空导弹

格斗空对空导弹以攻击空中的近距离目标为主，这些目标都是飞行员用眼睛能看到的敌方目标，是飞行战斗员与敌机进行近距离空战的主要武器，又被称为近距格斗导弹。

地勤人员正在给战机安装空对空导弹。

知识集装箱

第一种用红外线制导的空对空导弹——美国“响尾蛇” 响尾蛇是出没于南美洲沙砾、灌木丛等地的一种毒蛇。它捕食时不用眼睛去看，而是根据感觉到的红外线强弱来发现猎物。“响尾蛇”导弹就是仿照响尾蛇的这种功能制造出来的，是世界上第一种利用红外线制导的空对空导弹。

拦射空对空导弹

拦射空对空导弹以攻击飞行员目视距离以外的目标为主。拦射导弹有中距、远距之分，一般来说，最大射程在25千米至100千米之间的称为中距拦射导弹；最大射程超过100千米的称为远距拦射导弹。

正在发射的空对空导弹

战机的主要对地武器——空对地导弹

空对地导弹是指从飞机上发射、攻击地面目标的导弹，是现代作战飞机的主要对地攻击武器。它机动性强、隐蔽性好、摧毁率高，能从敌人防空武器的射程以外发射。

空对地导弹

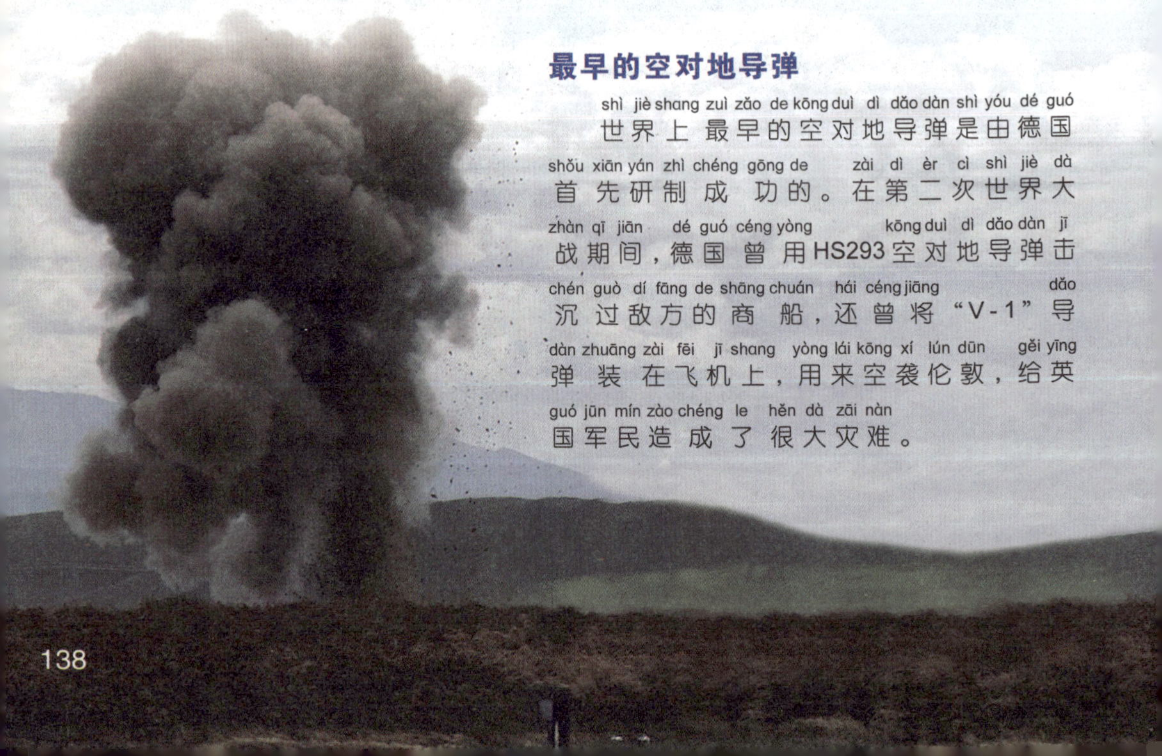

最早的空对地导弹

世界上最早的空对地导弹是由德国首先研制成功的。在第二次世界大战期间，德国曾用HS293空对地导弹击沉过敌方的商船，还曾将“V-1”导弹装在飞机上，用来空袭伦敦，给英国军民造成了很大灾难。

空对地导弹的种类

不同的空对地导弹可以完成不同的使命，比如战略空对地导弹主要是对敌人后方的目标进行攻击，而战术空对地导弹只是把前沿阵地上的敌方目标作为攻击的对象。如果按照制导方式划分，可以分为雷达制导、无线电指令制导和激光制导等空对地导弹。

飞机正在发射空对地导弹

空对地导弹的特点

与航空炸弹、航空火箭弹等空对地武器相比，空对地导弹具有射程远、机动性强、命中精度高、隐蔽性好等优点。不过，空对地导弹也有自己的缺点，那就是重量较大、造价高、使用和维修都比较复杂。

“小牛”导弹

知识集装箱

超值交换 海湾战争中，美军战机前后发射 5500 余枚“小牛”空对地导弹，共摧毁伊拉克包括 T-72 坦克在内的 1000 多辆坦克。“小牛”导弹每枚价格只有 7 万美元，而一辆 T-72 坦克造价高达 150 万美元，可谓“超值交换”。

碧海杀手——反舰导弹

反舰导弹是专门用来攻击舰船的导弹。它可以从空中、岸上和水中等不同的场合进行发射，包括舰对舰、岸对舰、空对舰和潜对舰导弹等。反舰导弹自从问世以来，取得了辉煌的战绩，获得了“碧海杀手”的美称。

战机上的法国“飞雷”空对舰导弹

早期的反舰导弹

20世纪40年代末期，美国、瑞典等国在德国“V-1”导弹的基础上研制出最早的反舰导弹。这一代反舰导弹同其他导弹一样，也是体积大、设备笨重、速度低、精度差。比较有代表性的反舰导弹有美国的“潜鸟”、苏联的“扫帚”和瑞典的罗伯特315导弹等。

美国“捕鲸叉”反舰导弹

知识集装箱

未来反舰导弹的弹道 未来反舰导弹的轨道将主要采用两种形式：一种是以超低空的水平轨道飞行，飞行一段距离后，降低高度，然后继续水平飞行，直到命中目标为止。另一种弹道则是导弹先是水平飞行，在距离目标还有几千米的时候突然向上爬，最后再向下俯冲，击中目标。

现代反舰导弹的特点

现代反舰导弹经过突飞猛进的发展，已经达到了很先进的水平，它的速度已经超过音速，有的已经达到音速的两倍。另外，反舰导弹也开始运用隐身技术，以便用来对付反导弹武器，从而提高了突防能力。

RBS-15KA 岸对舰导弹

英国“海鹰”空对舰导弹

未来的反舰导弹

随着世界各国对反舰导弹越来越重视，未来反舰导弹的“含金量”将会大大提高，到时，反舰导弹的速度会更高、射程会更远、突防能力会更强、破坏力会更大。未来的反舰导弹将能自主地识别目标，并且提高抗干扰能力。

专攻地面雷达的反辐射导弹

美国 AGM-78"标准"反辐射导弹

反辐射导弹又称反雷达导弹，主要攻击对象是地面防空导弹用的雷达、高射炮的瞄准雷达等。它的"功夫"十分了得，专门利用敌方雷达辐射的电磁信号，发现、跟踪目标以至最后将其摧毁。

最早的反辐射导弹

最早的反辐射导弹是美国在越南战争时期开始使用的，当时越军地面部队的雷达一开机就会被美国的飞机发现，而且很快就发射一种被称为"百舌鸟"的反辐射导弹，对地面雷达进行攻击，命中精度很高。

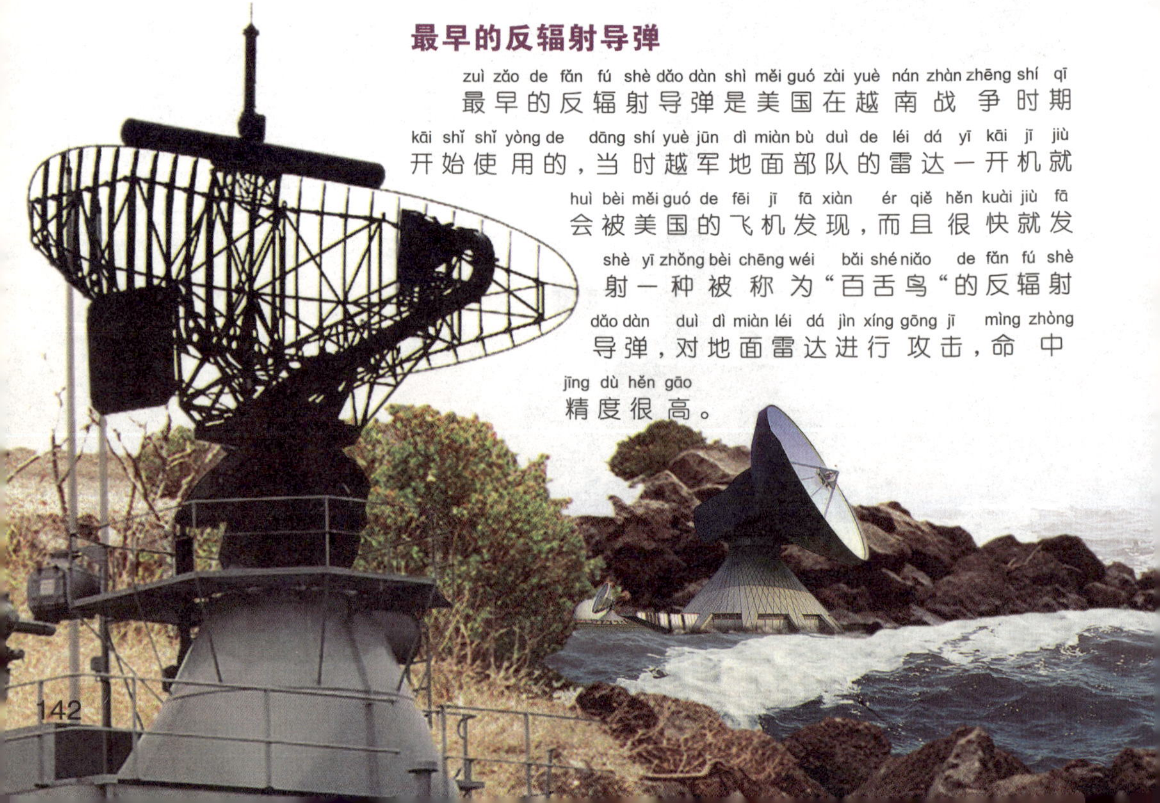

战机携载的反辐射导弹

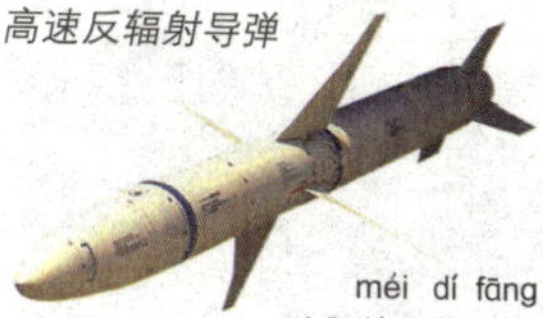

AGM-88A“哈姆”高速反辐射导弹

反辐射导弹的作用

反辐射导弹出现以后，发挥了重要的作用。美军曾做过统计，在美军使用反辐射导弹之前，平均10枚敌方的防空导弹能击落1架美国飞机，而美军使用反辐射导弹以后，敌方则需70枚防空导弹才能击落1架美国飞机。敌方的雷达一开机，就意味着“自杀”，很可能被美军的反辐射导弹跟踪和摧毁。

知识集装箱

反辐射导弹的佼佼者——“哈姆”导弹 “哈姆”导弹是应用十分广泛的反辐射导弹，它装有一台火箭发动机，最大的速度可以达到音速的三倍。当它被飞机携带的时候可以始终处于工作状态，能够自行搜索和识别目标，并且可以向威胁最大的敌方目标雷达进行攻击。

反辐射导弹的发展方向

随着军事技术的发展，反辐射导弹将会越来越厉害。它将采用多种制导方式，以提高自动寻找目标和抗干扰能力；它还会采用新型的动力系统，以提高飞行速度；它还将采用隐形技术，以提高导弹的隐蔽突防能力。

携载 AGM-88“哈姆”反辐射导弹的美军 F-16 战斗机

坦克克星——反坦克导弹

fǎn tǎn kè dǎo dàn shì zhuān mén yòng lái
反坦克导弹是专门用来
duì fu lù zhàn zhī wáng tǎn kè de
对付陆战之王——坦克的
yǒu xiào wǔ qì tā zhuāng yǒu jù
有效武器，它装有聚
néng pò jiǎ de zhàn dòu bù dàn
能破甲的战斗部（弹
tóu néng chuān tòu háo
头），能穿透1400毫
mǐ hòu de zhuāng jiǎ cóng ér jī huǐ
米厚的装甲，从而击毁
tǎn kè zhuāng jiǎ zhàn chē děng zhuāng jiǎ mù biāo
坦克、装甲战车等装甲目标。
fǎn tǎn kè dǎo dàn kě dān bīng xié dài yě kě zhuāng bèi zài zhàn chē huò fēi jī shàng
反坦克导弹可单兵携带，也可装备在战车或飞机上。

装在轮式底盘上的“红箭”-9A反坦克导弹

英、法、德合作的“崔格特”反坦克导弹

反坦克导弹的构造

fǎn tǎn kè dǎo dàn zhǔ yào yóu zhàn dòu bù zhì dǎo xì
反坦克导弹主要由战斗部、制导系
tǒng dòng lì zhuāng zhì hé dàn tǐ děng zǔ chéng qí zhōng
统、动力装置和弹体等组成。其中
zhàn dòu bù shì cuī huǐ zhuāng jiǎ de dàn tóu zhì dǎo xì
战斗部是摧毁装甲的弹头；制导系
tǒng shì yǐn dǎo dǎo dàn gōng jī mù biāo de zhuāng zhì dòng
统是引导导弹攻击目标的装置；动
lì zhuāng zhì wèi dǎo dàn fēi xíng tí gōng dòng lì zhī chí
力装置为导弹飞行提供动力支持。

反坦克导弹的发展

苏联"铜号"反坦克导弹

最早的反坦克导弹是第二次世界大战后期德国为对付苏联坦克，于1944年2月研制的代号为"X-7"的反坦克导弹，但没来得及投入使用，德国就战败投降了。1946年，法国在此基础上研制出SS10反坦克导弹，是世界最早装备部队、最早用于实战的反坦克导弹。现在，反坦克导弹已有几十种型号。

"陶"式反坦克导弹

反坦克导弹的特点

反坦克导弹重量轻，机动性能好，命中精度高，射程远，破甲威力巨大，能从地面、车上、直升机和舰艇上发射，是一种有效的反坦克武器。

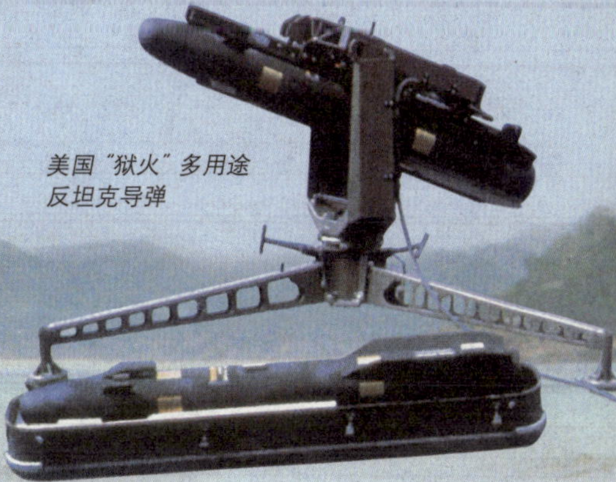

美国"狱火"多用途反坦克导弹

知识集装箱

能给坦克"剥皮"的"陶"式反坦克导弹 美国"陶"式反坦克导弹的特别之处就是弹头有两层药。第一层药放在弹头前部，用于攻击坦克最外层的保护装甲，随后第二层药将在合适的位置起爆，直接用于炸毁坦克的主装甲，巧妙地将坦克来个"剥皮抽筋"。

第八章

非常规武器试验场

fēi cháng guī wǔ qì shì qū bié yú cháng guī wǔ qì ér shuō de wǒ men suǒ shú xī
非常规武器是区别于常规武器而说的，我们所熟悉
de qīng wǔ qì huǒ pào dàn yào fēi jī tǎn kè jūn jiàn děng dōu shì cháng guī wǔ
的轻武器、火炮、弹药、飞机、坦克、军舰等都是常规武
qì ér fēi cháng guī wǔ qì zé bāo kuò hé wǔ qì shēng wù wǔ qì huà xué wǔ qì
器。而非常规武器则包括核武器、生物武器、化学武器
yǐ jí gāng gāng chū xiàn huò zhě jí jiāng chū xiàn de gāo xīn jì shù wǔ qì zhè xiē gāo
以及刚刚出现或者即将出现的高新技术武器。这些高
xīn jì shù wǔ qì shì zhǐ nà xiē lì yòng shēng yīn guāng diàn diàn cí děng xiān jìn jì shù zhí
新技术武器是指那些利用声音、光、电、电磁等先进技术直
jiē shā shāng mù biāo hé pò huài dí fāng zhuāng bèi de wǔ qì lì rú jī guāng qiāng
接杀伤目标和破坏敌方装备的武器。例如，激光枪
kě yǐ gān jìng lì luò de shā shāng mù biāo zhì néng jī qì rén kě yǐ tì rén zài zhàn chǎng
可以干净利落地杀伤目标，智能机器人可以替人在战场
shàng pīn shā fēi cháng guī wǔ qì chāo chū le rén men píng shí suǒ xí guàn de sī kǎo
上拼杀……非常规武器超出了人们平时所习惯的思考
fàn wéi nián bèi yuán zǐ dàn zhà píng de rì běn guǎng dǎo hé cháng qí chéng le fēi
范围，1945年被原子弹炸平的日本广岛和长崎成了非
cháng guī wǔ qì zhōng hé wǔ qì de shǒu pī shì yàn chǎng zài wèi lái de zhàn chǎng shang
常规武器中核武器的首批试验场。在未来的战场上，
fēi cháng guī wǔ qì bèi tóu rù shǐ yòng de dì diǎn bì jiāng tóng shí chéng wéi tā zhǎn shì
非常规武器被投入使用的地点必将同时成为它展示
wēi lì de shì yàn chǎng
威力的试验场。

无声的杀手——化学武器

化学武器是进行化学战的武器，是一种大规模毁灭性武器，以其隐蔽性强、杀伤力大的特点而被蒙上了一层神秘的面纱，被称为“无声的杀手”。化学武器作为一个大家族，种类繁多，包括化学毒剂、化学炮弹和二元化学武器等。

形形色色的化学毒剂

化学毒剂旧称化学毒气，是化学武器的基础，它决定着化学武器的性能和使用方法。化学毒剂能悄无声息地进入人体，与人体内的一些物质发生作用，破坏人体内的正常程序，引起中毒。第一次世界大战中使用的氯气是真正意义上的最早的化学毒剂。

古代的毒箭可以称得上是最早的化学武器。

知识集装箱

像猪嘴一样的防毒面具 防毒面具形状丑陋，但它却是人类在毒区的“护身符”。一战中，德军施放毒气，猪却安然无恙。原来猪把嘴巴拱进地里，而泥土有过滤毒气的作用，所以猪才幸免于难。人们据此研制出了内装土颗粒，并模仿猪嘴模样的防毒面具。

化学炮弹

huà xué pào dàn shì zhuāng yǒu huà xué dú jì de
化学炮弹是装有化学毒剂的
pào dàn yòng cháng guī wǔ qì fā shè pào dàn bào zhà
炮弹，用常规武器发射。炮弹爆炸
hòu xiǎo bù fen dú jì xíng chéng yún tuán piāo sàn zài kōng zhōng
后，小部分毒剂形成“云团”飘散在空中，
zào chéng kōng qì wū rǎn dà bù fen dú jì zé xiàng lù zhū yí yàng
造成空气污染；大部分毒剂则像露珠一样
luò zài dì miàn shang zào chéng dí fāng rén yuán zhòng
落在地面上，造成敌方人员中
dú qǐ dào zǔ ài qí xíng dòng de zuò yòng
毒，起到阻碍其行动的作用。

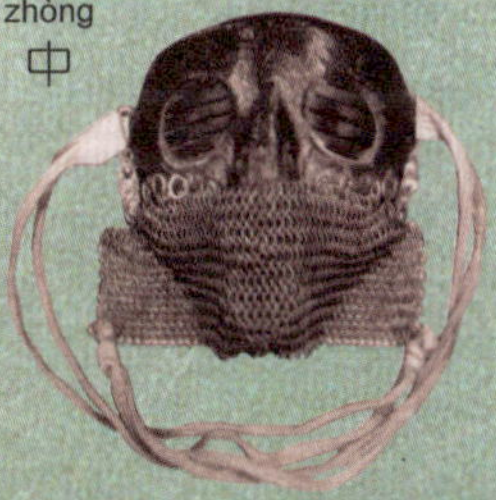

早期的防毒面具

二元化学武器

èr yuán huà xué wǔ qì shì bǎ liǎng zhǒng huà xué wù zhì fēn zhuāng zài tóng yī ge dàn tóu de bù tóng wèi zhì
二元化学武器是把两种化学物质分装在同一个弹头的不同位置，
zhè liǎng zhǒng huà xué wù zhì běn shēn kě yǐ shì yǒu dú de yě kě yǐ shì wú dú de dāng wǔ qì bào zhà shí
这两种化学物质本身可以是有毒的，也可以是无毒的，当武器爆炸时，
liǎng zhǒng huà xué wù zhì hùn hé zài yì qǐ fā shēng huà xué fǎn yìng cóng ér chǎn shēng dú hài zuò yòng yǔ yī
两种化学物质混合在一起发生化学反应，从而产生毒害作用。与一
bān de huà xué wǔ qì xiāng bǐ èr yuán huà
般的化学武器相比，二元化
xué wǔ qì jù yǒu chéng běn dī xiào
学武器具有成本低、效
lǜ gāo hé ān quán de tè diǎn kě
率高和安全的特点，可
yǐ dà guī mó shēng chǎn
以大规模生产。

像猪嘴一样的防毒面具是人类在毒区的“护身符”。

人造瘟疫——生物武器

生物武器是一种大规模杀伤性武器，由生物战剂及其施放装置组成。生物战剂是一种用来杀伤人员、牲畜和毁坏农作物的致病微生物毒素，它具有很强的传染性，危害很大。

当敌人使用生物武器时，己方人员必须配备防护装备。

细菌武器

生物战剂中最重要的就是细菌。细菌是地球上起源最早的细胞生命形态。细菌很小，要用显微镜才能看到。在众多的细菌中，存在着诸如鼠疫、霍乱等有害细菌，而细菌武器就是使用这些有害的致病细菌制成的。

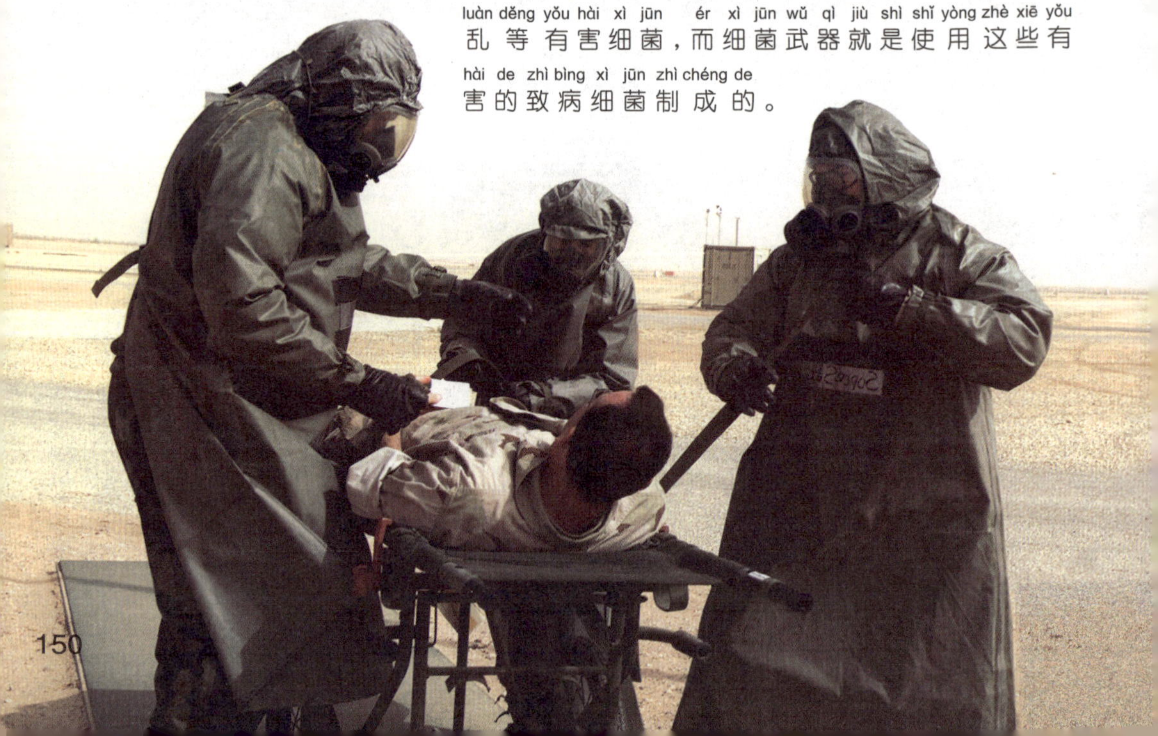

基因武器

jī yīn wǔ qì shì yùn yòng xiān jìn de yí chuán gōng
基因武器是运用先进的遗传工
chéng jì shù rén wéi gǎi biàn zhì bìng wēi shēng wù de yí
程技术，人为改变致病微生物的遗
chuán jī yīn zhì zào chū lái de wēi hài gèng dà de shēng
传基因，制造出来的危害更大的生
wù wǔ qì tā tōng guò rén gōng fēi jī děng fāng shì bǎ
物武器。它通过人工、飞机等方式把
zhè xiē gǎi biàn guò jī yīn de wēi shēng wù zhàn jì tóu rù
这些改变过基因的微生物战剂投入
jiāng hé chéng shì cóng ér shǐ rén sàng shī zhàn dòu lì
江河、城市，从而使人丧失战斗力。

病毒武器

bìng dú shì shēng wù zhàn jì de yòu yī lèi wù zhì
病毒是生物战剂的又一类物质，
tā méi yǒu xì bāo jié gòu shì mù qián yǐ zhī de zuì xiǎo shēng
它没有细胞结构，是目前已知的最小生
wù bìng dú guǎng fàn cún zài yú dà zì rán zhōng kě yǐ gǎn
物。病毒广泛存在于大自然中，可以感
rǎn yī qiè dòng zhí wù jí wēi shēng wù yòng zuò bìng dú wǔ qì de
染一切动植物及微生物。用作病毒武器的
bìng dú hěn duō zuì zhǔ yào de yǒu tiān huā bìng dú hé yǐn qǐ nǎo yán yǔ
病毒很多，最主要的有天花病毒和引起脑炎与
chū xuè rè de bìng dú
出血热的病毒。

虱子可以传播疾病。

知识集装箱

生物战中的四员干将——蚊、虱、蝇、蚤 蚊、虱、蝇、蚤可以转载大量的病菌，是致病病菌的传染载体和媒介。例如苍蝇可传染痢疾，蚊子可传染脑炎，跳蚤则传染鼠疫，而虱子传染斑疹、伤寒等疾病。

威力空前的核武器

核武器是一种大规模毁灭性武器，它利用了原子核反应原理，也就是说，重原子核分裂成两个较轻的原子核，或者两个轻原子核结合成一个较重的原子核时，在瞬间会释放出巨大能量，进而引起强烈的杀伤和破坏作用。

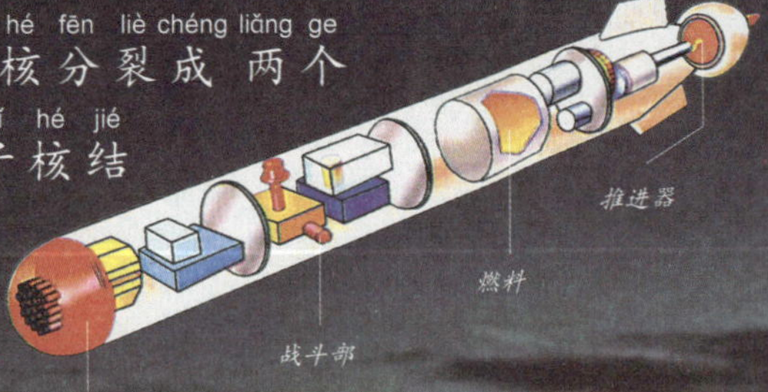

核武器的结构

核武器的诞生

核武器的产生是从发现中子具有极强穿透力这一现象开始的，用中子去轰击铀原子核，能产生一系列裂变过程。德国最先研制核武器，但是，最早诞生的核武器是美国于1945年春研制成功的三颗原子弹，并在同年成功引爆了世界上第一颗原子弹，核武器由此诞生。

核爆炸试验场面

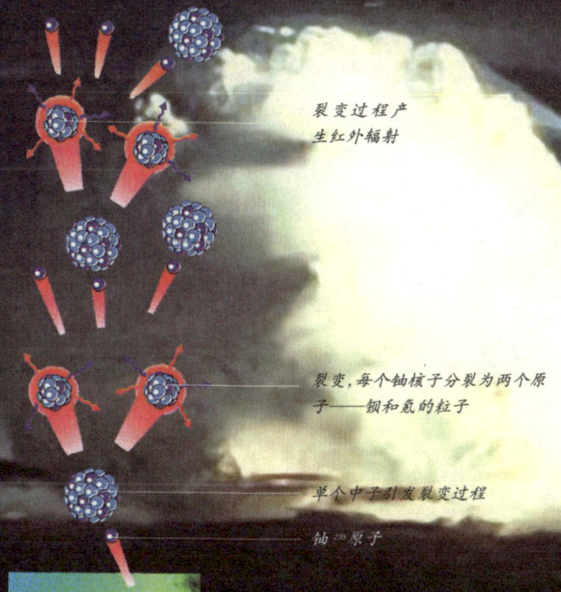

核裂变过程示意图

核武器家族

hé wǔ qì shì yī ge dà jiā zú tā bāo
核武器是一个大家族，它包
kuò hěn duō chéng yuán àn zhào hé wǔ qì lǐ
括很多成员。按照核武器里
miàn zhuāng tián de cái liào hé zhǔ yào
面装填的材料和主要
shā shāng xiào yòng de bù tóng kě
杀伤效用的不同，可
yǐ fēn wéi yuán zǐ dàn qīng dàn
以分为原子弹、氢弹
hé zhōng zǐ dàn děng àn zhào zuò
和中子弹等；按照作
zhàn shí shǐ yòng fàn wéi de bù tóng
战时使用范围的不同，
fēn wéi hé dàn tóu dǎo dàn hé zhà dàn
分为核弹头导弹、核炸弹、
hé pào dàn hé dì léi hé shuǐ léi děng
核炮弹、核地雷、核水雷等。

核爆炸所产生的冲击波

hé bào zhà yǐ hòu suǒ chǎn shēng de gāo yā huǒ qiú xiàng wài péng zhàng zài kōng qì zhōng xíng chéng qiáng yǒu
核爆炸以后所产生的高压火球向外膨胀，在空气中形成强有
lì de yā suō bō jìn ér xíng chéng měng liè de qì làng zhè jiù shì chōng jī bō chōng jī bō kě yǐ shā shāng
力的压缩波，进而形成猛烈的气浪，这就是冲击波。冲击波可以杀伤
rén yuán cuī huǐ jiàn zhù wù rú guǒ hé wǔ qì
人员，摧毁建筑物。如果核武器
zài dì miàn bào zhà chōng jī bō néng pò huài jiān gù
在地面爆炸，冲击波能破坏坚固
de wù tǐ dàn zuò yòng fàn wéi hěn xiǎo rú guǒ zài
的物体，但作用范围很小；如果在
kōng zhōng bào zhà chōng jī bō duì jiān gù wù tǐ
空中爆炸，冲击波对坚固物体
pò huài bù dà dàn duì bào lù rén yuán hé bù jiān
破坏不大，但对暴露人员和不坚
gù wù tǐ de pò huài lì jí qiáng
固物体的破坏力极强。

知识集装箱

核爆炸所产生的光辐射 核爆炸的光辐射是指核爆炸的巨大能量以热能的形式释放出来，放出巨大的光和热。光辐射可以使人暴露的皮肤出现红斑，产生疼痛和肿胀的感觉。它的破坏作用是随着离爆炸中心距离的增加而逐渐递减的。由于光辐射是直线传播的，所以核爆炸时，如果眼睛直视爆炸的火球，就有可能造成暂时甚至永久失明。

替人拼杀的智能武器

智能机器人可以像人一样走路。

智能武器装备有智能计算机，可以在战场上替人拼杀，它不懂得什么是危险，完全可以勇往直前。它可以自己进行识别、分析和判断。智能武器的种类包括智能导弹、智能地雷、智能水雷和智能机器人等。

智能机器人

智能机器人可以在战场上勇往直前。

智能武器的诞生

智能武器是人工智能应用在军事上以后，产生的一种新式武器。人工智能把各种先进系统集中在机器上，使机器具有了像人一样的自主能力。当战场上有一些危险的任务需要完成的时候，人工智能武器便派上了用场。

智能制导武器

zhì néng zhì dǎo wǔ qì shì yī zhǒng bǐ jīng què zhì dǎo wǔ qì gèng wèi xiān
智能制导武器是一种比精确制导武器更为先
jìn de zhì dǎo wǔ qì tā néng zài fù zá de zhàn chǎng huán jìng xià zì
进的制导武器。它能在复杂的战场环境下，自
zhǔ de tàn cè fā xiàn shí bié pàn duàn hé gōng jī mù biāo rú guǒ
主地探测、发现、识别、判断和攻击目标。如果
shuō jīng què zhì dǎo wǔ qì shì zhì néng yōu xiù de xué sheng nà me zhì néng
说精确制导武器是智能优秀的学生，那么智能
zhì dǎo wǔ qì jiù shì zhì néng chāo cháng de xué sheng
制导武器就是智能超常的学生。

智能机器人

zhì néng jī qì rén shì yī zhǒng yǒu nǐ rén gōng néng de jī xiè diàn zǐ
智能机器人是一种有拟人功能的机械电子
zhuāng zhì tā kě yǐ zài zhàn chǎng shang wèi bù duì tàn cè hé qīng sǎo léi
装置，它可以在战场上为部队探测和清扫雷
chǎng kě yǐ chōng dāng shào bīng tā hái kě yǐ dài tì
场，可以充当哨兵；它还可以代替
shì bīng jià shǐ hé cāo zuò bù bīng zhàn chē shǐ
士兵驾驶和操作步兵战车，使
tā men bù bì qīn lín zhàn chǎng
它们不必亲临战场。

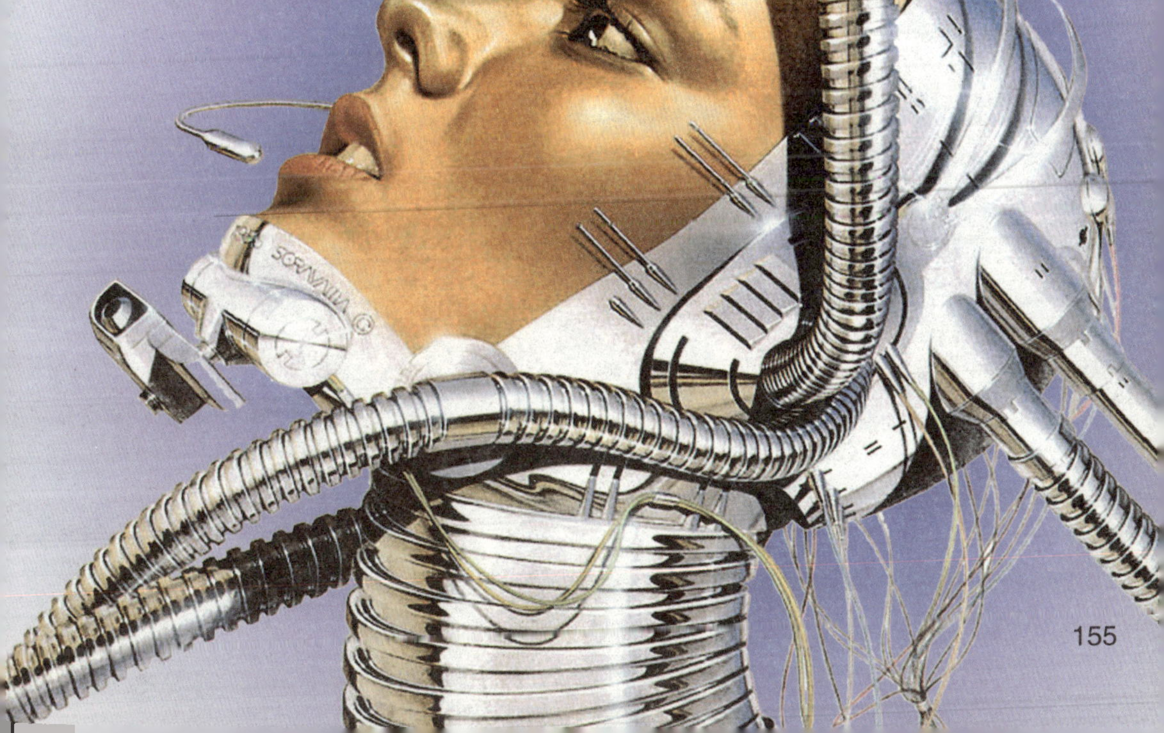

瞬间穿透目标的激光武器

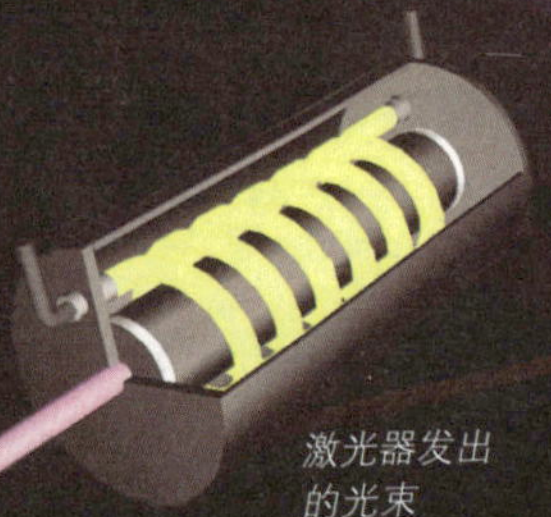

激光器发出的光束

jī guāng shì yī zhǒng tè shū de guāng tā shì mǒu xiē yuán zǐ shòu dào guāng huò diàn de jī
激光是一种特殊的光，它是某些原子受到光或电的激
fā hòu chǎn shēng de hěn liàng hěn chún de xīn xíng guāng yuán yòng jī guāng zhì zào de wǔ qì yǒu
发后，产生的很亮很纯的新型光源。用激光制造的武器有
qiáng dà de wēi lì bù guǎn wù tǐ yǒu duō jiān yìng tā dōu néng zài shùn jiān bǎ tā róng huà huò
强大的威力，不管物体有多坚硬，它都能在瞬间把它融化或
zhě chuān kǒng jī guāng wǔ qì kě yǐ ān zài zhàn chē fēi jī
者穿孔。激光武器可以安在战车、飞机、
dǎo dàn jiàn tǐng děng rèn hé píng tái shang
导弹、舰艇等任何平台上，
shì hěn lì hai de wǔ qì
是很厉害的武器。

激光的光线又直又亮。

激光武器的独特魅力

jī guāng wǔ qì yǒu zì jǐ dú tè de mèi lì tā fā shè de shì fēi cháng jí zhōng de guāng shù
激光武器有自己独特的魅力。它发射的是非常集中的光束，
sù dù bǐ rèn hé qí tā wǔ qì fā shè de dǎo dàn pào dàn děng dōu yào kuài de duō tā zài
速度比任何其他武器发射的导弹、炮弹等都要快得多。它在
shè jī shí méi yǒu hòu zuò lì suǒ yǐ bù huì yǐng xiǎng shè jī jīng dù gāo néng jī guāng
射击时没有后坐力，所以不会影响射击精度。高能激光
wǔ qì kě dà kě xiǎo shè chéng kě yuǎn kě jìn yǒu hěn qiáng de shì yìng xìng
武器可大可小，射程可远可近，有很强的适应性。

知识集装箱

令人头昏眼花的激光武器 有一种激光武器在照射人眼后，可以使人产生眩晕。这种武器已经在 1982 年英国和阿根廷的马岛海战中使用过，当时英国舰载激光致眩武器发射以后，使阿根廷的飞行员产生短时间的眩晕，以至于有三架飞机先后坠毁。

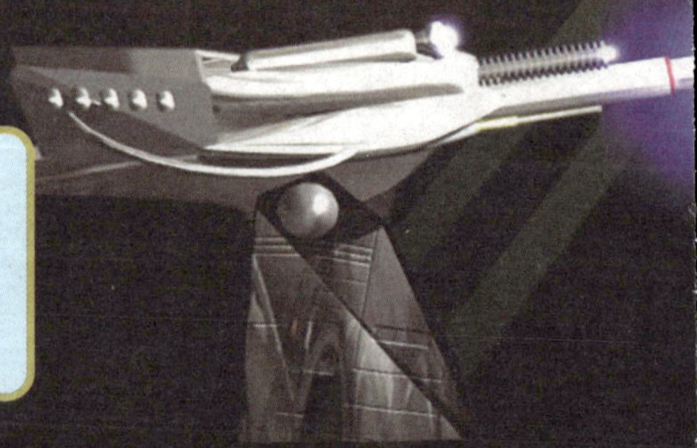

远程激光武器

远程激光武器是用来对付比较远的敌方的武器的，比如导弹或者高空军用卫星等武器。当敌方在远处发射洲际导弹或者中程导弹的时候，激光武器可以用很快的速度把敌方导弹摧毁在刚刚发射的一瞬间。要对付敌方的卫星，就需要激光战斗卫星发射激光束，将敌方目标摧毁。

近程激光武器

近程激光武器用来对付近距离的目标，包括激光枪、激光炮等。激光枪发出的强烈激光束可以灼伤战斗人员，使人的眼睛受到严重伤害而失明。激光炮可以安装在舰船、飞机、坦克和地面阵地上，用来击落敌方的飞机、导弹，甚至击穿敌军的坦克。

微型智能攻击能手——纳米武器

纳米是一种计量单位，是1米的10亿分之一。纳米技术其实就是一种用单个原子、分子制造物质的技术。纳米武器是运用这种技术制造的微型智能攻击武器，它包括昆虫平台、“蚂蚁雄兵”、“机器虫”和“蜇人黄蜂”等。

现在的纳米技术可以将机器人制作得像血细胞那样小。

“蚂蚁雄兵”是一种跟普通蚂蚁一般大小的机械蚂蚁。

在未来的纳米武器中，苍蝇将会成为很好的平台。

昆虫平台

昆虫平台是指把一种特殊的微型机器人电子系统安在昆虫的身体里，然后操纵它们飞到敌人那边去搜索情报，或者利用它们直接去杀伤敌军士兵。

“蜇人黄蜂”

“蜇人黄蜂”是像黄蜂一样大小的纳米武器。

“蜇人黄蜂”像黄蜂那样大小，它能爬、能跳、能飞行，还带有一种非常小的弹头，能非常便利地攻击敌人的武器和信息系统。它的名字虽然是“蜇人黄蜂”，但它并不蜇人，而是专门破坏敌人的装备，它可以钻进敌人计算机内部进行破坏，使整个计算机瘫痪。

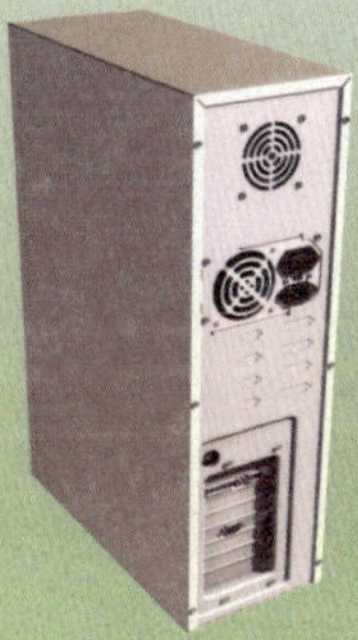

“蜇人黄蜂”可以钻进敌人计算机内部进行破坏。

“机器虫”

“机器虫”实际上是一种微型机器人，“个头”大的有鞋盒子那么大，小的只有硬币那么大。这种“机器虫”能爬、能跳，甚至还能飞行，它可以搜集情报，可以排除地雷，还可以凭“感觉”测出敌方电子系统的位置，然后进行攻击。

“蚂蚁雄兵”

“蚂蚁雄兵”是一种跟普通蚂蚁一般大小的机械蚂蚁，别看它小，它的破坏力可大了。它的背部可以装上微型传感器，用来搜集情报；也可以装上微型高能炸药，偷偷地跑到敌军指挥部，去炸毁敌方的各种重要通信线路。

图书在版编目（CIP）数据

兵器宝库／龚勋主编．一汕头：汕头大学出版社，2012.1（2021.6重印）

ISBN 978-7-5658-0488-5

Ⅰ．①兵… Ⅱ．①龚… Ⅲ．①武器—少儿读物 Ⅳ．①E92-49

中国版本图书馆CIP数据核字（2012）第003511号

兵器宝库

BINGQI BAOKU

总策划	邢 涛
主　编	龚 勋
责任编辑	胡开祥
责任技编	黄东生
出版发行	汕头大学出版社 广东省汕头市大学路243号 汕头大学校园内
邮政编码	515063
电　话	0754-82904613
印　刷	唐山楠萍印务有限公司
开　本	705mm×960mm　1/16
印　张	10
字　数	150千字
版　次	2012年1月第1版
印　次	2021年6月第6次印刷
定　价	37.00元
书　号	ISBN 978-7-5658-0488-5